环境非政府组织的环境治理效应研究

理 论 与 经 验 考 察

李光勤 ◎ 著

中国财经出版传媒集团
经济科学出版社
Economic Science Press
·北 京·

图书在版编目（CIP）数据

环境非政府组织的环境治理效应研究 ：理论与经验考察/ 李光勤著 . -- 北京：经济科学出版社，2023. 10

ISBN 978 - 7 - 5218 - 5266 - 0

Ⅰ. ①环… Ⅱ. ①李… Ⅲ. ①环境保护 - 非政府组织 - 研究 - 中国 ②环境综合整治 - 研究 - 中国 Ⅳ. ①X321. 2

中国国家版本馆 CIP 数据核字（2023）第 194663 号

责任编辑：白留杰　凌　敏
责任校对：刘　昕
责任印制：张佳裕

环境非政府组织的环境治理效应研究：理论与经验考察

HUANJING FEIZHENGFU ZUZHI DE HUANJING ZHILI XIAOYING YANJIU：LILUN YU JINGYAN KAOCHA

李光勤　著

经济科学出版社出版、发行　新华书店经销

社址：北京市海淀区阜成路甲 28 号　邮编：100142

教材分社电话：010 - 88191309　发行部电话：010 - 88191522

网址：www. esp. com. cn

电子邮箱：bailiujie518@ 126. com

天猫网店：经济科学出版社旗舰店

网址：http：//jjkxcbs. tmall. com

北京密兴印刷有限公司印装

710 × 1000　16 开　11. 75 印张　180000 字

2023 年 10 月第 1 版　2023 年 10 月第 1 次印刷

ISBN 978 - 7 - 5218 - 5266 - 0　定价：48. 00 元

（图书出现印装问题，本社负责调换。电话：010 - 88191545）

前　言

工业化过程伴随环境污染影响着世界各国，发达国家已经完成了工业化进程，但是这些国家仍然还承受着环境污染带来的后果，还在为环境治理不断努力。在这个环境治理过程中，发达国家的环境非政府组织扮演着非常重要的角色。进入21世纪以来，中国的环境污染不断恶化。虽然在2013年之后有所好转，但是环境污染的严重程度仍然不容乐观。生态环境部发布的《2017年中国生态环境状况公报》的数据显示，在中国338个地级及以上城市中，空气质量达标的城市只有99个，还有70%以上的城市空气质量超标，约有90%的城市居民生活在空气质量超标的城市。可见，中国的环境问题已经到了刻不容缓的地步，需要立刻采取措施进行治理。可喜的是，我国政府开始将环境治理作为政府工作的重要组成部分，并将"蓝天白云"作为政府政绩考核的一个重要指标。但是，环境治理是一个长期过程，需要多方利益相关群体参与。而作为环境治理中的一个重要主体——环境非政府组织，也应在中国的环境治理过程中起到应有的作用。因此，本书选择环境非政府组织作为研究对象，从理论和实证两个方面考察环境非政府组织的环境治理效应。按照"提出问题—分析问题—解决问题"的研究思路，将问题层层分解，就环境非政府组织的减排效应、产业转移效应和全要素生产率提升效应进行详细研究。

第一章为绪论，介绍本书的研究背景、内容与方法等。

第二章对环境非政府组织和环境治理等核心概念进行界定，接着对环境治理、环境非政府组织参与环境治理，以及环境非政府组织的环境治理效应等关键问题进行文献回顾。通过文献回顾，发现国内外对环境非政府组织参与环境治理的研究由来已久，但是定量研究相对缺乏，尚无相关文献对环境非政府组织的环境治理效应进行系统研究。

第三章从内生经济增长模型出发，将环境非政府组织的从业人员看成是环境人力资本，将其纳入生产函数；并将环境作为一个独立部门，将环境非政府组织的环境监督功能作为一个参数引入效用函数。通过理论模型的动态最优化求解，并利用比较静态分析法推导出环境非政府组织与污染排放之间的负向关系，环境非政府组织与环境全要素生产率的正向关系，并组合环境污染排放与环境污染产业的关系，推导出环境非政府组织与产业转移之间的负向关系。在此基础上，提出了三个核心假说，并从直接机制、间接机制、延伸机制三个方面分析环境非政府组织如何影响环境质量。

在环境非政府组织的减排效应部分，即第四章和第五章内容，从国际、中国省级和中国城市级三个层面考察环境非政府组织参与环境治理的减排效应。在国际层面，以 OECD 国家为例，通过手工收集 OECD 国家环境非政府组织的相关数据，并构建单位面积的环境非政府组织数量和单位人口的非政府组织数量两个指标衡量环境非政府组织的发展程度。由于空气质量的相关数据较易获得，而且空气质量指标更容易受到环境非政府组织关注，所以本书将空气质量水平作为环境质量的替代指标。在研究过程中，将 $PM_{2.5}$ 平均浓度、暴露于 $PM_{2.5}$ 在 $10\mu g/m^3$ 以上的人口比重、二氧化碳排放量、温室气体排放量、氧化氮排放量、二氧化氮排放量等污染物作为被解释变量，考察环境非政府组织对各种空气污染物排放的影响。结果发现，环境非政府组织对各种污染排放物均具有显著的负向影响，说明环境非政府组织在 OECD 国家具有显著的减排效应。采用中介效应模型进一步分析发现，环境投资在环境非政府组织影响环境质量的过程中充当中介变量。同时，还发现 OECD 国家的"先污染后治理"与"边污染边治理"现象并存。最后的机制研究发现，环境非政府组织可以改善环境质量，进而提高人们的健康水平，提高生育意愿和提高预期寿命。

然后，通过手工收集数据，获得所有环境非政府组织的成立时间、成立地点（县、市、省）和规模（从业人员数量），分别从省级和城市级构建环境非政府组织的相关指标。在中国省级层面研究中，环境非政府组织对三废排放物的排放量均具有显著的负向影响，说明在省级层面，环境非政府组织具有减排效应；机制研究发现，环境非政府组织对环境污染治理投资、城市环境基础设施建设投资、工业污染源治理投资、"三同时"环保投资、环境污染治理投资总额占 GDP 比重等均具有显著的正向影响，说明环境非政府组织是通过促进省级的环境投资，进而改善环境。在中国城市级层面研究中，环境非政府组织也对三种污染排放物具有减排效应，同时，采用 API 和 $PM_{2.5}$进行稳健性检验后，对 API 和 $PM_{2.5}$同样具有显著的负向影响。进一步分析发现，环境非政府组织对工业烟尘处理率、工业二氧化硫去除率、废水达标率等几个环境治理指标也具有显著的正向作用。

第六章考察了环境非政府组织的产业转移效应。具体做法是选择可能导致环境污染最为严重的六个产业作为环境污染产业，测算了总污染产业的区位熵和六个污染产业的区位熵，用于衡量总污染产业和六个污染产业在一个地区的重要程度，并利用省级的环境非政府组织衡量指标，考察环境非政府组织对区位熵的影响。结果发现，环境非政府组织对污染产业的总区位熵具有显著的负向影响，说明环境非政府组织对污染产业具有挤出效应，也就是说环境非政府组织促进污染产业转移到其他省份；细分污染产业考察发现，环境非政府组织对六个细分污染产业的区位熵均具有负向影响，但是仅对相对容易转移的产业具有显著的负向影响，而对不容易转移的污染产业的负向影响不显著。机制研究发现，环境非政府组织的产业转移效应主要体现在随着环境非政府组织的壮大，加强对污染企业进行监督，政府要求污染企业加大环境治理投资，而环境治理投资的加大，会让一些企业增加成本，从而不得不考虑将企业转移到环境非政府组织发展相对滞后的地区。

第七章采用非径向、非角度的SBM方向性距离函数测算M－L指数，用于衡量省级和城市级两个层面的环境全要素生产率，考察环境非政府组织对环境全要素生产率的影响。结果发现中国的环境全要素生产率在城市和省级层面均出现不同水平的提高；从省级和地级城市两个层面的实证分析发现，环境非政府组织对环境全要素生产率具有显著的正向影响；将环境全要素生产率分解为效率变化和技术进步，研究发现环境非政府组织对环境全要素生产率的效率变化和技术进步也具有显著的正向影响。

第八章对全书进行总结，并提出政策建议。政府建议分别从扶持环境非政府组织的发展壮大、加强环境非政府组织的环境教育功能、加强环境非政府组织的环境监督宣传功能、积极引导环境非政府组织参与环境治理四个方面展开。本书还对研究中存在的不足进行讨论，并提出相应的研究展望。

李光勤

2023年9月

目　　录

第一章　绪论 …… 1

第一节　研究背景与研究意义 …… 1

第二节　研究内容与创新之处 …… 5

第三节　研究方法与技术路线 …… 10

第二章　概念界定与研究综述 …… 13

第一节　概念界定 …… 13

第二节　文献综述 …… 15

第三节　文献评述 …… 27

第三章　理论模型与机制分析 …… 29

第一节　理论模型 …… 29

第二节　机制分析 …… 38

第三节　小结 …… 47

第四章　环境非政府组织的减排效应：基于 OECD 国家的经验研究 …… 48

第一节　引言 …… 48

第二节　实证策略 …… 49

第三节　实证结果讨论 …… 55

第四节　稳健性检验 …… 61
第五节　传导机制分析 …… 63
第六节　小结 …… 69

第五章　环境非政府组织的减排效应：基于中国的经验研究 …… 71
第一节　引言 …… 71
第二节　实证策略 …… 72
第三节　基于省级数据的实证结果分析 …… 74
第四节　基于城市数据的实证结果分析 …… 90
第五节　小结 …… 104

第六章　环境非政府组织的产业转移效应：基于中国的经验研究 …… 106
第一节　引言 …… 106
第二节　实证策略 …… 107
第三节　实证结果讨论 …… 113
第四节　机制分析 …… 122
第五节　小结 …… 125

第七章　环境非政府组织的环境 TFP 提升效应：基于中国的经验研究 …… 126
第一节　引言 …… 126
第二节　实证策略 …… 127
第三节　结果分析与讨论 …… 135
第四节　小结 …… 142

第八章　结论与建议 …… 144
第一节　研究结论 …… 144
第二节　政策建议 …… 147
第三节　不足与展望 …… 152

参考文献 …… 156

第一章
绪　　论

第一节　研究背景与研究意义

一、研究背景

工业文明与生态文明是现代社会的一对矛盾共同体，工业化带来工业文明的同时，也极大破坏了人类赖以生存的自然环境，制约着人类的生态文明进程。在工业化进程的初期，由于只重视工业发展，导致了严重的环境污染后果，促使了人们对工业化的反思，也逐渐唤醒了人类的环保意识。在此过程中，西方环境非政府组织（Environmental Non-Governmental Organizations，ENGO）通过各种途径参与环境治理，数量不断增多、规模逐渐壮大，已逐渐成为生态文明建设的重要主体。在工业化的进程中，环境非政府组织在西方发达国家环境治理过程中起着什么作用，参与环境治理的机制是什么？环境非政府组织在环境治理多元主体中的定位及其与多元治理主体如何协调？有哪些环境治理经验可资借鉴？这些问题都需要深入、系统地展开研究。

在过去40多年的快速工业化和城镇化过程中，中国作为世界上最大的发展中国家，经历了以资源环境为代价的快速经济增长。对比生态环境部（原环保部）2017年6月与2018年5月发布的《中国生态环境状况公报》发现，中国在空气、水、农业面源等污染治理方面取得了一定的成效，但并未从根本上得到解决。与世界发达国家相比，中国仍是环境污染较为严重的国家之一。党的十九大报告提出，中国社会的主要矛盾已经转化为人民日益增长的美好生活需要和不平衡不充分的发展之间的矛盾，经济发展与生态文明的不平衡，生态环境建设不充分是这一矛盾的重要体现。因此，环境污染治理是中国新时代亟待解决的重大问题。近年来，中国在环境治理方面已实施了诸多举措，例如 1998 年实施“两控区”政策，2008 年实施《政府信息公开条例》，2011 年出台《全国主体功能区规划》，2013 年颁布《大气污染防治行动计划》，2015 年出台并实施《环境保护法》（又称新环境法），2017 年环保部颁布《京津冀及周边地区 2017 年大气污染防治工作方案》，2017 年 8 月 21 日环保部等多部委联合发布《京津冀及周边地区 2017 ~ 2018 年秋冬季大气污染综合治理攻坚行动方案》。这些政策实施在一定程度上缓解了环境污染，但是环境治理仍然任重道远，多元主体协同治理格局亟待形成：一方面需要政府不断加大环境投入、加强环境立法、出台各项环境保护政策文件；另一方面需要让企业和个人积极参与到环境保护的大舞台，让企业和居民形成环境保护意识，自觉选择符合环境要求的生产和生活方式。换言之，面对复杂、多层级、多维度的生态环境问题，单纯依靠政府的力量来彻底解决环境问题是非常困难的，环境治理需要政府、企业和公众等多元主体和多方利益相关群体共同努力。据中华环保联合会公布的 2006 年和 2008 年《中国环保民间组织发展状况报告》数据显示（关于环境非政府组织的统计只有这两年），2006 ~ 2008 年，中国增加了 771 家各类环境非政府组织，总数达到 3539 家，其中有官方性质的环境非政府组织为 1309 家，事业单位型环保组织为 1382 家，民间型的环保组织 508 家，国际环境非政府组织驻中国内地机构 90 家，从业人员达到 30 余万人。可见，环境非政府组织蓬勃发展，已逐渐成为环境保护和环境治理的重要力量。

学术界对环境非政府组织参与环境治理的研究由来已久，归纳其研究视角，主要有以下几个方向：第一，环境非政府组织通过环境教育，提高公民的环境知识水平和环境意识（Chen，2012；王积龙，2013；Suharko，2015）；第二，环境非政府组织通过环境监督、公众抗议、民事诉讼等方式让企业改变环境行为（Cribb，1990；Aden et al.，1999；Epstein and Schnietz，2002；Neumayer and Perkins，2004；Fredriksson et al.，2005；Bernauer et al.，2013；Triguero et al.，2013）；第三，环境非政府组织通过环境运动、参与环境政策制定等策略，让政府采用更为绿色的环境政策（Neumayer and Perkins，2004；Fredriksson et al.，2005；Cheung，2007；Bernauer et al.，2013）。但是，上述研究主要侧重于采用定性方法对环境非政府组织参与环境治理的作用进行分析，较少采用定量的方法进行研究。本书在已有研究的基础上，将环境非政府组织参与环境治理的治理效应和机制进行系统研究，可以较为全面深入地了解环境非政府组织与环境治理的关系，环境非政府组织如何影响环境质量，进而影响到人类的预期寿命和生育意愿等人类行为。

二、研究意义

环境非政府组织虽然具有企业的组织形式，但并不以营利为目的，一般的利润函数对其缺乏解释力。在现有经济理论中，无法将环境非政府组织作为一个独立的经济部门纳入已有的理论模型中进行分析。但是环境与社会经济存在着相互作用、相互制约的机制，环境非政府组织可以通过影响环境质量从而影响经济发展质量。在国家要求高质量发展背景下，在本书中，拟将环境非政府组织的从业人员作为人力资本的一部分，在经济增长模型中体现环境非政府组织的作用；将环境作为一个独立部门，将环境存量看成是环境非政府组织的函数；在消费者效用函数中，将环境存量作为一种消费品，同时考虑环境消费的偏好和环境意识，而环境意识也是环境非政府组织的函数。因此，在技术路径上，本书将环境非政府组织作为一个重要因素而纳入经济增长模型中，通过最优化求解，深入探讨环境非政府组织与经济增长、环境治理之间的关系，通过理论推导后，提出环境非政府组织的三大环境治理效应假说，即减排效应、产业转移效应和环境全要素生产率提升效应。在理论构建上，本书认为环境非政府组织对企业、产业、政府的环境行为具有监督作用，并通过宣传和教育功能来影响政府形象、企业的行为和个人的决策，从而对环境保护和经济增长质量产生影响。

因此，本书的理论意义主要体现为：（1）将环境非政府组织作为一个重要因素纳入经济增长模型，构建环境—经济协同发展的经济优化增长模型，对于拓展和丰富传统经济学与环境经济学的研究内容具有重要的理论意义；（2）从理论上研究环境非政府组织在环境治理过程中的具体影响及其作用机制，阐明环境非政府组织对生态文明建设和经济发展的影响机制，为相关研究和政策的制定提供理论依据；（3）在环境治理过程中，梳理清楚环境非政府组织与政府、企业和个人的关系，可为构建政府－企业－社会组织－公众等多元主体的环境协同治理提供理论参考。

环境非政府组织在发达国家发展已较为成熟，但当前的环境污染问题最为突出的地区是一些新兴发展中国家。中国作为最大的发展中国家，环境问题尤其突出。本书在理论分析的基础上，选择经济合作与发展组织国家（Organization for Economic Cooperation and Development，OECD）作为发达国家的代表，研究在 OECD 国家的环境非政府组织在环境治理过程中的减排效应，并以中国为例，研究中国的环境非政府组织的减效效应、产业转移效应和环境全要素生产率提升效应。本书的现实意义体现在以下三个方面：

第一，通过研究 OECD 国家的环境非政府组织在环境治理过程中的作用，并深入探析环境非政府组织的减排效应，为中国及其他发展中国家的环境非政府组织参与环境治理提供国际经验借鉴。特别是 OECD 国家所经历的“先污染后治理”发展模式及其经验教训，可为中国及其他发展中国家选择更为合理的环境治理模式提供现实借鉴意义。

第二，通过对中国的环境非政府组织在环境治理过程中的作用进行系统研究，特别是对环境非政府组织的环境减排效应、产业转移效应和环境全要素生产率提升效应的深入分析，可为其他发展中国家和欠发达国家提供环境治理经验。通过对环境非政府组织影响环境质量作用机制的深入剖析，对于发挥环境非政府组织在环境治理中的作用、激励环境非政府组织参与环境治理的积极性、改善整个国家的环境质量、促进高质量发展目标的实现等具有重要的现实意义。

第三，对中国的环境非政府组织发展现状、空间演变过程等进行系统探析，对于促进中国的环境非政府组织的良性发展具有重要的现实意义。中国当前正处于环境治理的攻坚阶段，充分发挥环境非政府组织参与环境治理的乘数作用，让环境非政府组织的教育功能、监督功能、信息发送功能充分发挥，对于推进习近平总书记提出的新时期生态文明建设、实现“美丽中国”的宏伟目标有重要的现实意义。

第二节　研究内容与创新之处

一、研究内容

（一）环境非政府组织参与环境治理的理论分析

构建环境—经济协同发展的经济优化增长理论模型，可为本书提供基本理论框架、清晰的逻辑框架及计量分析框架。本书拟将环境非政府组织作为一个重要因素并转化为相应的变量，纳入经济增长模型和消费者函数，构建环境约束下环境—经济协同发展的经济优化增长理论模型。通过模型动态最优化分析和均衡求解，在理论层面上，从多维度、多视角分析环境非政府组织环境治理行为下的经济效应（简称环境治理效应），并提出微观、中观、宏观三个维度的环境治理效应理论框架（见图1－1）。具体而言：

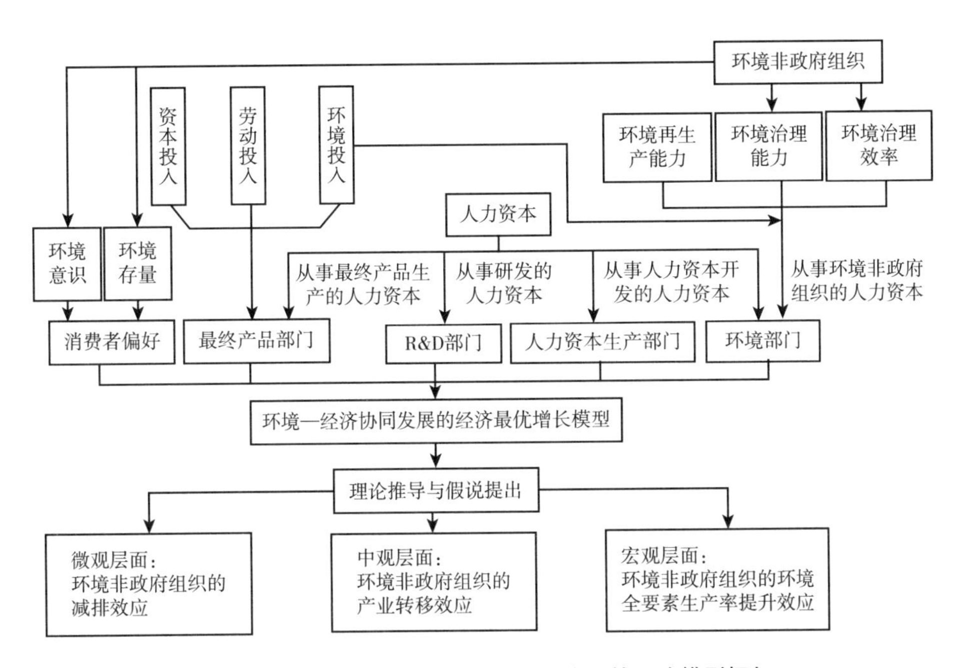

图1－1　环境非政府组织参与环境治理的理论模型框架

经济优化增长理论模型构建主要是基于罗默（Romer，1990）经济增长模型和阿西莫格鲁等（Acemoglu et al.，2012）环境经济模型，根据论文的理论需求，通过科学推演、优化和完善而形成的。在已有研究的基础上，本书将环境非政府组织从业人员作为环境部门的人力资本，并将其作为总人力资本的构成部分引入经济增长模型；同时在消费者函数中，将环境存量作为一个消费品，进而将环境消费偏好和环境意识等因素纳入消费函数，而环境消费偏好和环境意识受环境非政府组织的影响，即将环境非政府组织的环境治理行为纳入消费者函数。在以上消费者函数约束下，构建包含环境非政府组织影响因素的经济增长函数，即环境—经济协同发展的经济优化增长理论模型，将环境与经济发展的互动关系及环境非政府组织对经济增长的影响体现出来，在环境可持续发展理念下探讨模型的动态最优化经济增长路径。通过比较静态分析和均衡求解，从理论上提出环境非政府组织的环境治理效应。具体来说，通过经济优化增长理论模型推导，拟从以下三个层面提出环境非政府组织的环境治理效应的理论假说框架：从微观层面，环境非政府组织通过对环境污染企业施加影响，最终影响环境污染的排放量，从而提出环境非政府组织的环境污染减排效应；从中观层面，环境非政府组织通过对区域环境污染行业施加影响，进而影响到整个地区的环境污染产业，导致环境污染的产业转移行为，提出环境非政府组织的产业转移效应；从宏观层面，环境非政府组织通过影响个人、企业和政府的环境行为，从而促进整个经济发展的绿色效应提升，揭示环境非政府组织的环境全要素生产率的提升效应。

（二）环境非政府组织参与环境治理的减排效应研究

随着环境非政府组织及其环保志愿者规模的壮大，污染企业可能会面临更大的减排压力：一方面需要减少污染排放数量，让生产行为达到环境保护标准；另一方面，通过环境排放设施投资减少排放中的环境有害物质。这是环境非政府组织减排效应的一般原理。本书拟将企业的排污行为加总到地级城市、省级和国家三个层级，通过对环境非政府组织减排效应的计量分析，分析其减排效应、环境经济学规律及作用机制。

在数据收集和整理过程中，分别从国家、省级、地级城市三个层级手工收集环境非政府组织的数据集，并将三个层级的污染排放数据进行匹配，形成面板数据集，通过构建计量经济模型，识别环境非政府组织的减排效应。首先，在国家层面上，选择 OECD 国家为例，将 OECD 国家的环境非政府组织数据集与 OECD 国家的宏观经济指标、排污数据进行匹配，采用定量分析的方法，分析 OECD 国家环境非政府组织参与环境治理的减排效应，并考察了环境非政府组织通过改善环境质量进而影响居民的预期寿命和人口出生率，说明环境非政府组织的延伸机制；其次，在省级层面上，将中国省域的环境污染数据与环境非政府组织数据集进行匹配，分析中国的环境非政府组织参与环境治理的企业减排效应，并深入剖析两者的间接机制是通过加强环境治理投资来实现的；最后，在中国地级城市层面上，利用相关数据资源，考察环境非政府组织参与环境治理的企业减排效应，并深入剖析两者的直接机制是通过改善环境质量来实现的。具体研究思路如图 1－2 所示。

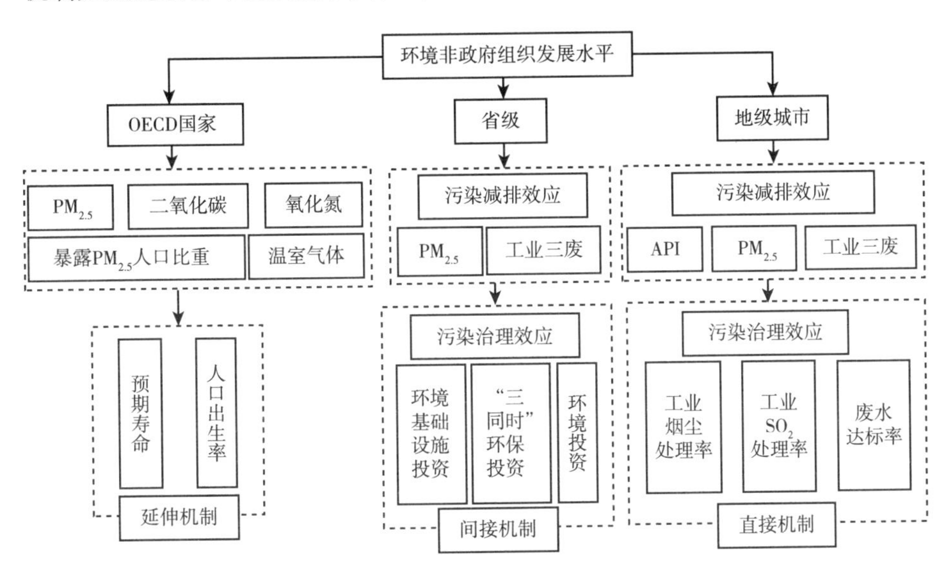

图 1－2　环境非政府组织参与环境治理的减排效应

（三）环境非政府组织的产业转移效应研究

相对于微观的企业排污行为而言，环境非政府组织的产业转移效应及其规律研究属于中观层面研究。在巨大的环境压力和环境非政府组织的环境监控下，部分具有污染的企业可能面临如下抉择：一是产业绿色升级转型，企业可以调整或改变其生产经营方向，转向环境污染较小或没有环境污染的行业；二是产业地区转移，企业继续从事具有污染属性的行业，但可以选择环境非政府组织较少、环境压力较小的地区重新组织生产。不管企业如何选择，对一个地区来说，其污染行业的所占比重将会减少，呈现污染产业转移的现象。

中国省级层面的细分产业统计数据较为完善，因此本书主要对省级层面的产业转移效应进行研究。环境非政府组织的作用主要体现在具有环境污染产业，通过分析环境非政府组织与污染产业在地区的从业人口及其比例关系，可以间接地判断环境非政府组织的产业转移效应。首先，根据每个产业的特征，识别出六个污染产业：采矿业、造纸及纸制品业、化学纤维制造业、非金属矿物制品业、黑色金属冶炼和压延加工业，以及电力、热力生产和供应业。其次，以省级层面为研究单元，利用污染产业从业人员测算出对应产业的从业人口区位熵，用于衡量该产业的相对重要程度。最后，分析环境非政府组织与该区位熵的关系，如果环境非政府组织从业人员与区位熵的负向关系越明显，则其产业转移效应就越显著。在量化分析产业转移效应的基础，进一步分析环境投资对环境非政府组织的产业转移效应的作用机制。同时，分析环境非政府组织与非污染制造业的就业区位熵之间的关系，间接验证环境非政府组织会让一个地区的绿色产业的区位熵上升，即产业绿色升级转型（见图1－3）。

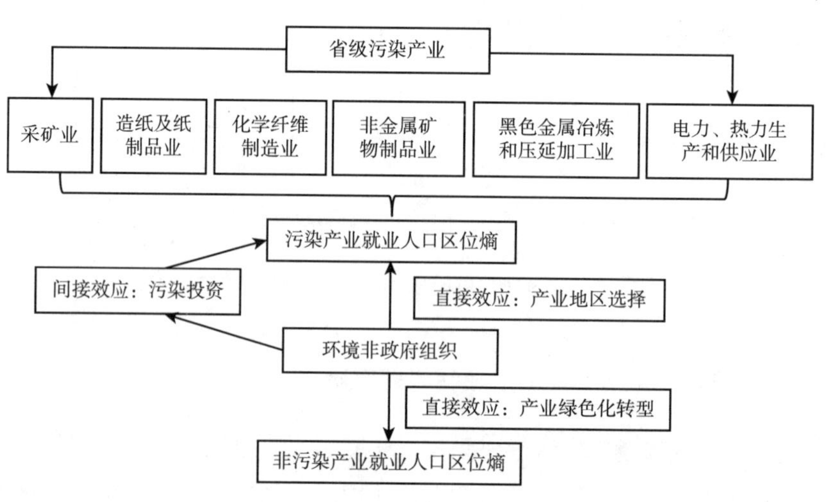

图1－3　环境非政府组织参与环境治理的产业转移效应

（四）环境非政府组织参与环境治理的环境全要素生产率提升效应

如果环境非政府组织的减排效应和产业转移效应都成立，说明环境非政府组织在环境治理过程中的作用非常突出，从全社会的角度看，环境非政府组织可能还存在着环境全要素生产率提升效应，因此，可以进一步从宏观角度，进一步分析环境非政府组织对环境全要素生产率的影响及其影响规律。本书利用非径向、非角度的 SBM 方向性距离函数测算 Malmquist-Luenberger 生产率，并将它用于测算环境全要素生产率。利用空间数据分析方法探讨环境全要素生产率的空间演变特征，分析环境非政府组织对环境全要素生产率的影响，从而验证环境非政府组织的环境全要素生产率提升效应，并将环境全要素生产率分解为效率变化和技术进步，进一步分析环境非政府组织对环境全要素生产率的效率变化和技术进步的影响，从而说明环境非政府组织可能是通过提高环境全要素生产率的效应、促进环境全要素生产率的技术进步，从而提升环境全要素生产率、推动绿色经济发展的作用机制（见图 1 -4）。

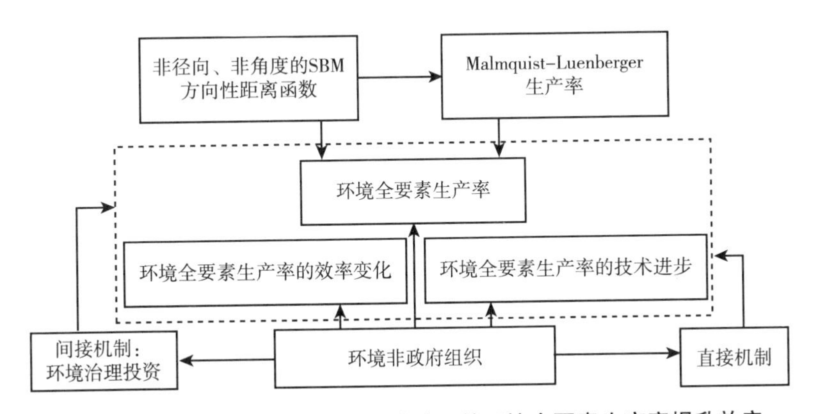

图 1 -4　环境非政府组织参与环境治理的环境全要素生产率提升效应

二、创新之处

与现有文献相比，本书无论是研究问题的全面性和系统性，还是研究方法的运用、内生性的处理上均有显著的特色和创新，具体体现在以下三个方面。

第一，理论创新。现有文献只是零星地讨论环境非政府组织参与环境治理，并没有上升到理论高度。本书将环境非政府组织纳入经济增长的理论模型中，讨论环境非政府组织作为经济活动的一个重要参与者，是如何影响经济发展，如何影响环境污染的治理效率，这在理论上具有一定的创新。

第二，研究视角创新。基于中国环境非政府组织的相关研究尚不多见，而且不成体系和系统。本书从省级和城市两个层面，从区域、产业两个视角，运用卫星遥感数据，分别从省域、城市、产业多个维度考察环境非政府组织的环境治理效应。与现有研究相比，本书研究视角较为新颖，研究结论具有一定的普遍意义。

第三，研究方法创新。与已有研究大多采用定性研究相比，本书利用ArcGIS空间分析技术，将研究数据空间化，并分析研究问题的空间演化过程；本书重点借鉴双重差分法（DID）因果识别方法的思想，考察环境非政府组织与环境质量之间的因果关系，并采用工具变量法处理潜在的内生性问题，让因果识别的结果更为可信。

第三节　研究方法与技术路线

一、研究方法

（一）ArcGIS空间分析技术

从数据的属性来看，可以将数据分为时间属性数据和空间属性数据。时间属性数据是从时间维度对现实世界的抽象认识；空间属性数据则是从地理空间维度对现实世界的抽象认识。空间数据分为矢量空间数据和栅格空间数据。在矢量空间数据中，用点、线、面表达世界；在栅格空间数据中，用空间单元或者像元来表达世界。在研究过程中，将各省和各城市的经济数据与地理空间数据结合，可以在地图中将经济数据表达出来，这些数据就是空间矢量数据。

将空间属性数据与时间属性数据结合，构成时空数据，可以对真实的现实世界进行更好的认识。本书利用ArcGIS空间分析技术，构建时空数据集，分析所研究的经济问题在时间和空间上的演变过程，对于认识 OECD 国家和中国各省、各城市的环境非政府组织，以及环境质量演化过程具有很好的可视化作用。

（二）双重差分法（DID）

双重差分法（differences-in-differences method）作为一种政策效果方法，通过把政策作为一个外部冲击（准自然实验），将受到影响的地区作为处理组，未受到政策影响的地区作为对照组，将两类地区的差异作为政策实施的效果（Card and Kruger，2000；李楠和乔榛，2010；曹静等，2014）。本书把一个地区有环境非政府组织作为一个准自然实验，假设 I 是环境质量的随机标量，$x=0$ 和 $x=1$ 分别表示有环境非政府组织的地区（处理组）和没有环境非政府组织的地区（对照组），在环境非政府组织发挥作用过程中，只有作为处理组的地区受到影响，因此政策对于该地区的影响应该为 $E(I|x=1)$，对于没有环境非政府组织的地区受到的影响为 $E(I|x=0)$，那么本书可以得到一个政策实施对不同地区产生影响的因果关系，即建立环境非政府组织对该区域环境治理净效果为 $E(I|x=1)-E(I|x=0)$。由于对照组和处理组随着建立环境非政府组织的时间变化也会产生差异，因此可以引入时间虚拟变量考察各自的动态变化，其中建立环境非政府组织前的影响为 $E(I|t=0)$，建立环境非政府组织后的影响为 $E(I|t=1)$，则建立环境非政府组织前后的效果为 $E(I|t=1)-E(I|t=0)$。这样可以进一步得到建立环境非政府组织前后处理组与对照组之间的差异 $[E(I|x=1)-E(I|x=0)]-[E(I|t=1)-E(I|t=0)]$。本书采用此方法对环境非政府组织建立与地区环境治理效应进行因果关系识别。

（三）工具变量法

在应用微观计量经济学中，工具变量是最常用于解决内生性问题的主要方法。内生性问题主要来源于：（1）联立性，指核心解释变量与被解释变量之间存在互为因果关系，即核心解释变量可能由被解释变量决定，从而形成反向因果关系，或者解释变量和因变量同时受其他变量的影响，这种情况引起的内生性问题在现实中最为常见；（2）测量误差，指作为核心解释变量的度量变量存在测量不准确，或者说存在一定的噪音，可能存在测量误差；(3）遗漏变量，指在模型中可能控制了若干影响被解释变量的因素，但是有一些因素由于无法获得数据或者无法度量，从而导致在模型中这些变量被遗漏掉。以上三种情况均会导致内生性问题。采用工具变量法，并利用 2SLS 的估计方法，可以在一定程度上将内生性问题降低，从而得到更为准确可信的估计结果。具体的估计策略为：首先需要找到一个影响核心解释变量，但不影响被解释变量（即与原模型的残差项不相关），并满足排他性原则的一个变量，将这个变量与其他控制变量对核心解释变量进行回归分析（第一阶段），然后得到核心解释变量的估计值，并把这个估计值借代入原模型（第二阶段）进行估计，此时得到的估计结果即为两阶段最小二乘法的估计结果。

二、技术路线

本书具体技术路线如图 1－5 所示。

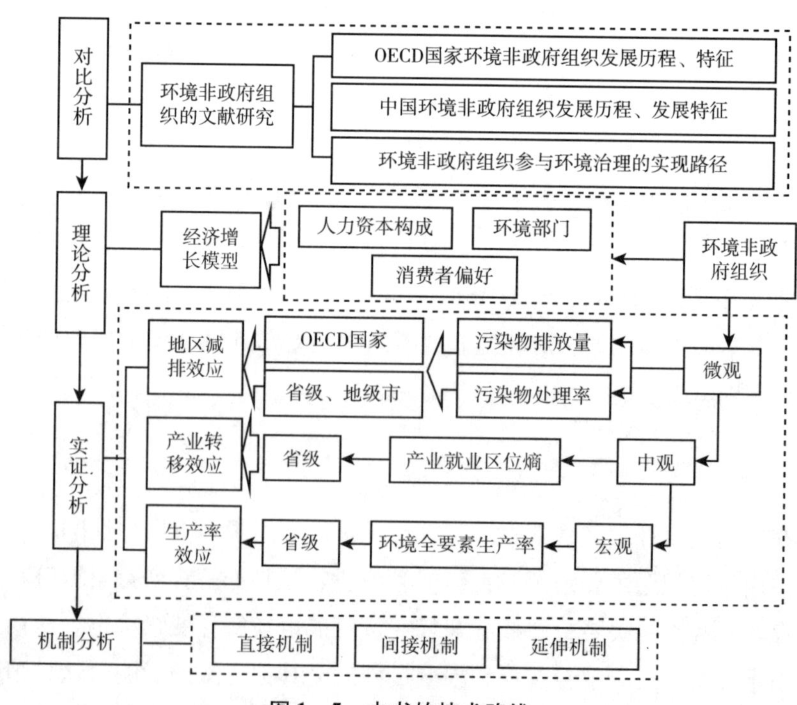

图 1－5　本书的技术路线

| 第二章 |

概念界定与研究综述

第一节　概念界定

随着环境状况的不断恶化，环境问题日益突出，加强环境治理、解决环境问题已成为中国当前的重要任务，也是当前国际社会政治议事的一个重要内容。世界各国均将环境治理作为政治工作的一项重要事务来处理，但是什么是环境治理和环境治理效应？以及环境非政府组织和环境非政府组织的环境治理效应分别是什么？这些基本概念都需要进行界定。

一、环境治理

一般意义上，环境治理是指在面对环境问题日益严重的情况下，政府、企业、居民等社会主体通过改变生产、生活方式，实现生态环境质量改善，促进生产、生活、生态的协调发展。环境治理是一个长期而持续的过程，需要多方主体的参与，也需要多方主体相互协同、形成合力，方能从根本上解决环境问题（Lemos and Agrawal，2006）。一切有利于减轻环境污染、有利于环境质量改善的行为、方法和政策都可以归于环境治理（杨仁发，2015）。因此，环境治理是一切有利于环境向好趋势的高度概括。

二、环境治理效应

环境治理效应（effect of environmental governance）是政府、企业或者个人通过一定手段，改善生态环境质量，这种改善的效果大小统称为环境治理效应。环境治理效应有正、有负，针对不同的对象，正负都有其实际意义。例如采用环境污染排放作为环境质量指标，如果环境治理效应为负，则说明具有环境治理的减排效应；如果采用环境污染达标率衡量环境质量，那么环境治理效应为正，说明环境治理活动对环境质量具有正效应，促进了环境质量的改善（徐文成和薛建宏，2015）。采用不同的环境治理手段，针对不同的环境研究对象，环境治理效应存在一定的差异，但只要有利于环境质量向好趋势，这种环境治理策略便是好的。

三、环境非政府组织

环境非政府组织作为非政府组织的一个分支，是不以营利为目的，以环境保护为主要业务范围，提供准公共产品的非政府组织，是介于政府组织和经济组织之间的一种社会组织，包括环境保护的行业协会、学会、社团、公益慈善和基层服务性群众组织等社会服务组织（王宏娜和向佐群，2009）。西方国家工业化发展较早，环境非政府组织伴随着环境污染问题迅速发展。

四、环境非政府组织的环境治理效应

环境非政府组织通过其环境运动、环境监督、环境宣传、环境教育等行动，或者参与环境诉讼等行动（丛霞，2005；张虹萍，2014），对环境质量产生直接或者间接的作用，即环境非政府组织的环境治理效应。具体表现为环境非政府组织通过一系列活动，减少环境污染排放量，促进地区污染产业的减少，或者对环境有关的经济发展指标产生影响（黎尔平，2007）。

第二节　文献综述

一、环境治理的相关研究

（一）环境治理的国际研究

随着工业化的推进，环境污染随之相生相伴，但是工业化初期的环境污染并没有得到足够的重视，直到1952年的“伦敦烟雾事件”，在短短4天时间里使4000余人失去生命（陈冬梅和苑红宇，2014），人类才开始对环境污染带来的严重后果引起足够的重视，随之而来的是全世界范围对环境治理的重视。环境治理是指通过一系列的干预措施来改善环境，具体地说，是由环境利益相关者通过一套管理程序、机制和组织来影响环境的行动和结果，环境利益相关者不仅仅是政府，还包括社区、企业、个人和非政府组织等行动者（Lemos and Agrawal，2006）。不同形式的环境治理主要体现在行为主体的不同，国际组织、国家的政策和立法机构、地方政府、跨国机构和民间环保组织等都是环境治理的主体（Ostrom，2001；Jagers and Stripple，2003）。

从全球来看，各国针对环境污染，均采用了一系列的环境治理措施。首先，建立健全环境立法体系。环境立法最早出现在18世纪的英国，当时主要针对具体的污染问题进行立法，具有显著的碎片化特征（卢洪友，2013）。到20世纪中后期，由于环境污染事件频繁出现，环境污染物复杂化，使得单一的立法无法满足环境治理的需要，从而出现了环境立法系统化趋势，既包括环境污染治理的立法，也包括环境保护的立法（方堃，2006）。1969年美国颁布了《国家环境政策法》，对环境与经济、社会发展之间的关系进行界定，并在此基础上逐渐形成了环境污染控制和环境资源保护两大类环境法律体系（李挚萍，2009）。法国议会于2005年颁布《环境宪章》，该宪章将环境利益提升为国家根本利益，对生态保护和可持续发展作了宪法性解释和说明；法国于2014年制定了《推动绿色增长之能源转型法令》，希望在经济增长、能源利用与环境保护之间寻找到新平衡点（彭峰和闫立东，2015）。德国2015年重新启动被搁置的《环境法典》立法项目，这对德国环境法具有根本性的变革意义（张璐璐，2016）。

其次，实施可持续发展战略。1996 年，美国成立了总统可持续发展理事会和可持续社区联合中心两个机构负责实施“美国国家可持续发展战略——可持续的美国和新的共识”，其职能是在资源保护、社区建设、人口与可持续发展等方面建立新的、有效的环境管理体制（颜廷武和张俊飚，2003）。英国政府在 21 世纪初制定了可持续发展战略，包括可持续发展指标统计、生态价值货币评估等一系列可持续发展举措（吕庆喆和褚雷，2011）。法国于 2003 年成立了“可持续发展部际委员会”，发布了涵盖 10 个领域 500 多项行动的《可持续发展战略》（卢洪友，2013）。2007 年，日本颁布了《21 世纪环境立国战略》，将 21 世纪定位为“环境世纪”并实施“环境立国”战略，将可持续发展与经济增长、地区振兴结合起来，实现经济与环境同步的可持续发展（李冬，2008）。吴畏和石敬琳（2017）认为德国在循环经济和环境税改革等方面取得的成功经验，值得中国借鉴和学习。

再次，环境治理手段从政府“有形的手”转向市场“无形的手”。采用环境立法和实施可持续发展战略均是从政府“有形的手”出发，政府在环境治理过程中起到主导作用，但是和政府强制实施的治理措施相比，市场“无形的手”是通过经济激励和社会创新等政策，让资源得到更有效的配置，达到更明显的治理效果（张红凤和路军，2014）。德国在 20 世纪 80 年代率先将市场机制运用到环境保护政策中，通过提高短缺资源的价格和环境污染的代价，即污染者付费原则，在环境保护过程中起到积极的作用（杨喆等，2015）。日本通过建立碳排放交易市场、可再生能源市场、排污权交易市场，利用市场机制促进环境保护，对实施节能、减排、发展循环经济的企业给予必要的补贴和税收优惠（孟新祺，2014）。

最后，公众参与成为环境治理的重要途径。环境治理是一个非常漫长的过程，需要全社会的共同参与。因此，在面对环境保护的挑战时，决策者一方面在宏观层面实施环境治理政策，另一方面强调公众及利益相关者的参与环境治理（Rauschmayer and Paavola，2010）。公众及利益相关者的参与已成为各国环境治理的基本原则。美国的环境运动主要以“自下而上”的草根运动为主（Kuzmiak，1991）；而欧洲在 20 世纪 70 年代后期，公众就开始参与环境保护议题的讨论，通过选举、投票等参与方式在环境保护中发挥一定的作用。进入21世纪，环境领域中的公众参与已突破了国家或地方政治行政体系，步入跨国组织（如欧盟）与全球性组织（如联合国）的决策议程中。国家研究委员会（National Research Council，2008）的研究发现美国成立了“环境评估与决策中的公众参与”小组之后，公众参与环境保护政策意识提高了，公众参与还能够增进参与各方的信任与理解。

（二）环境治理的中国研究

1. 财政分权、官员激励与环境治理

闫文娟（2012）对环境治理投资进行研究时发现，财政分权与政府间的竞争均会对省级政府环境治理投资具有显著的负面影响。机制分析表明，财政分权是通过政府竞争来削弱环境治理投资。李正升（2014）构建了一个中央与地方及地方政府间的博弈竞争模型，发现中央政府经济增长目标与地方政府财政激励目标之间的矛盾，这种矛盾会让地方政府更偏向于基础设施投资，放松对环境的保护。王华春和于达（2017）利用2006～2015年278个地级市的面板数据，考察政府财力与支出责任匹配对环境污染治理的影响，发现财力缺口会加大工业污染排放。肖加元和刘潘（2018）以30个省级面板数据，利用门槛模型考察政府财政支出政策对水环境质量的影响，结果发现人均经济产出超过门槛值后不再具有环境治理效应。韩国高和张超（2018）考察财政分权、晋升激励对中国城市环境污染的影响时，发现财政分权制度对环境污染具有显著正向影响，且收入分权比支出分权影响更大，加入绿色考核的制度后，环境污染程度会逐渐下降。张彩云等（2018）采用地级市的空间面板数据模型研究发现合理的政绩考核指标和分权体系可以使环境治理向“良性竞争”的方向发展。

孙伟增等（2014）利用86个环保重点城市的面板数据考察环境保护考核制度与地方官员晋升对环境治理的影响，发现环境保护考核制度对地方官员的晋升概率具有一定的正向作用，在大城市和政府行政力量较强的城市尤为明显。臧传琴和初帅（2016）的研究发现有中央从政经历和有过地方交流经历的官员对环境治理具有显著影响。张楠和卢洪友（2016）考察109个环保重点城市官员的垂直交流经历与城市环境治理的关系发现，官员垂直交流并不会改善城市的环境质量，而且垂直交流的强度会加强这种负面效应，但良好的制度环境能够抑制这种负面影响。潘越等（2017）从官员更替角度考察绿色绩效考核与区域环境治理的关系时发现，新任官员会在环境保护和短期经济增长之间进行权衡。

2. 公众参与、公众诉求与环境治理

楼苏萍（2012）分析了西方发达国家公众参与环境治理的多种途径，发现进行信息公开与自由获取的制度设计，建立公益诉讼制度和公众参与决策制度才能保障公众在环境治理中的有效参与。刘小青（2012）利用两项跨度十年的调查数据考察公众对环境治理主体选择偏好的代际差异，结果表明代际差异是影响公众对环境治理主体选择偏好的关键因素，机制分析表明个体意识会通过社会化过程形成群体意识，进而内化为一种偏好，影响行为主体的环境参与。郑思齐等（2013）利用环境污染的谷歌趋势指数度量公众诉求，考察公众诉求对 86 个城市环境治理的推动机制，结果发现公众环境关注度能够有效促进地方政府更加重视环境治理问题，通过增加环境治理投资、改善产业结构等方式来改善城市的环境污染状况。于文超等（2014）以环境信访数、人大代表和政协委员提案建议数等信息构造公众诉求指数，考察公众诉求与地方官员内在激励对地区环境治理的影响，结果发现任期越长、年龄越小的省委书记越倾向于颁布更多环保法规推进制度建设。韩超等（2016）从地区间环境治理策略互动的角度，发现公众诉求并不会增加环境规制投入，达不到环境治理的目的。秦鹏等（2016）对环境治理公众参与的主要困境进行剖析，考察《环境保护公众参与办法》实施后如何重塑公众参与人的人格与地位，进而从决策、执行、监督等环节进行完善。王红梅和刘红岩（2016）通过公众参与环境治理的理论模型对公众参与环境治理的有效性进行研究。王磊（2017）以中国环境治理为背景，采用定性混合研究方法对三例环保事件进行分析，从结构到认知两个层面发现环境非政府组织成为政府治理和公众舆论的工具。郑石明（2017）认为政府通过环境数据开放可以让公众更好地参与环境治理，从而推动环境治理创新。李子豪（2017）运用省际数据考察公众参与对建立环境治理制度的影响，结果发现环境非政府组织、人大和政协环保提案对政府环境立法产生了显著积极影响。涂正革（2018）从理论、实践和模式三个方面讨论公众参与带来的环境综合治理的内在逻辑。张艳纯和陈安琪（2018）以省级面板数据发现公众参与有利于提升环境质量，但环境规制对环境质量的影响较弱。

3. 居民、企业与环境治理

何可等（2015）对人际信任、制度信任对农民参与环境治理意愿的关系进行研究，结论认为人际信任和制度信任对环境治理决策具有显著的促进作用。王丽丽和张晓杰（2017）通过对城市居民的调查数据研究发现居民的行为态度、主观规范、个体规范对城市居民参与环境治理行为意向存在显著的直接正向影响。李国正等（2018）利用国家卫健委流动人口动态监测数据和国家统计局数据，发现环境质量的改善对地区人口集聚具有显著的正向作用。池上新等（2017）利用 CGSS2010 的微观数据，发现居民环境关心对环保支付意愿具有显著的促进效应，但这个效应会因政府信任而受到抑制。周全和汤书昆（2017）利用 CGSS2013 的微观调查数据，分析不同类型的媒介对政府环境污染治理绩效公众满意度的影响，结果发现传统媒介使用对环境治理的公众满意度具有正向效应，新媒介使用对环境治理的公众满意度均具有显著的负向效应。汪连杰（2018）利用 CGSS2013 的微观调查数据系统考察了环境治理对幸福感的影响，研究结论发现社会治理和环境治理均对老年人的主观幸福感具有显著的正向影响，而且这种影响具有城乡一致性。叶林等（2018）以华北地区某热电厂为例，分析了国企与政府部门在环境保护方面的互动关系。该研究发现，国有企业的行动很大程度受政府的政策导向影响，环境质量的改善需要政府在制度和政策方面进行变革。

4. 环境治理的制度安排

莫尔（Mol，2009）对城市环境治理的机制创新进行系统研究。马亮（2016）以 2012 年以来中国在不同城市分阶段执行《环境空气质量标准》为“准自然实验”，利用双重差分法考察城市排名对政府响应的作用，结果发现城市排名有利于政府对空气质量的信息披露，但对空气质量的改善并无影响。王兵和聂欣（2016）以设立开发区作为准自然实验，考察产业集聚对环境治理的影响，发现短期内产业集聚会恶化环境质量，主要表现在污染企业集聚的开发区，但在严控实施污染排放的集聚区产业集聚有利于环境质量的改善。石庆玲等（2017）的研究发现环保部约谈制度可以显著改善空气质量。蔡嘉瑶和张建华（2018）以“省直管县”为准自然实验考察财政分权对环境治理的影响，将 2004 ~ 2014 年国家主要流域河流水质监测站点的周观测数据与县市社会经济统计数据相匹配，发现“省直管县”地区的水质、化学需氧量（COD）和氨氮污染物（NH_3）等环境指标明显恶化。邓国营等（2012）以成都市成华区火电厂搬迁对环境改善作为准自然实验，采用DID和分布函数转化的估计方法，考察环境改善对住房价格和住房成交量的影响，结果发现，电厂搬迁后，电厂所在地区的房价成交量幅度高出其他地区54.6%，成交均价上升6.8%～10.3%，并测算出环境改善带来了该地区4.6亿元的住房资产溢价，说明环境改善的经济价值非常大。沈坤荣和金刚（2018）采用双重差分法考察河长制在地方水污染治理实践过程中的政策效应，结果发现河长制对水污染治理有一定效果，但对降低污染物并不显著。

5. 典型地区的环境治理研究

林卡和易龙飞（2014）从嘉兴公众参与环境治理的案例中发现政府可以给予社会组织和公众更大的空间平台，让公众行使的社会监督建议权与政府掌握的行政权形成一个共治体系。王红梅和王振杰（2016）以北京$PM_{2.5}$治理为例的研究发现应该加强公众参与型的政策工具。辛方坤和孙荣（2016）以环境民主的嘉兴模式为案例，从公众参与的动力系统、动作系统和强化系统分析自下而上的公众参与环境治理模式，提出地方政府应该在环境宣传、信息公开和互动方面作出努力。皮建才和赵润之（2017）对比单边治理与共同治理在京津冀协同环境治理中的作用，发现共同治理更能减少环境污染，提高相对环境社会福利。孙涛和温雪梅（2017）对京津冀地区与环境治理有关的近200个政策文本进行文本量化分析发现，区域之间环境治理呈现多元化特征，激励性制度大于约束性制度。孙涛和温雪梅（2018）运用社会网络分析法对京津冀及周边地区2010～2017年22个央地政府主体环境治理合作网络进行分析，发现京津冀的合作网络以中央政府为网络中心位置，地方政府中心性逐年上升，区域间的合作网络密度总体上趋于增大，逐渐形成了多政府主体的区域环境协同治理体系。

二、环境非政府组织参与环境治理的相关研究

环境非政府组织参与环境治理的相关研究可以追溯到几十年前的公众环

境意识开始出现时（Doh and Guay，2004）。在现有环境经济学的文献中，并没有对环境非政府组织给予足够的重视（Maggioni and Santangelo，2017）。因此，本书对环境非政府组织参与环境治理过程的相关研究进行全面回顾。

（一）环境非政府组织对个人环境行为的影响

环境非政府组织对个人环境行为的影响主要通过环境非政府组织的环境教育功能实现。环境教育是有组织地教育公众认识自然、认识生态、认识到自己的环境行为如何影响生态环境，特别是教育人类如何管理自己的环境行为，最终形成环境保护意识。当前，正式教育中已有部分内容涉及环境问题，但要达到环境教育的目标，正式教育显然是不够的；而且随着环境问题的日益复杂化，环境教育的内容也需要与时俱进。环境非政府组织的环境教育作为一种非正式教育，可以形式多样、内容灵活、方法得当地向公众传授最新的环境知识和环境保护方法。陈（Chen，2012）着重讨论了中国的环境非政府组织在环境教育方面的贡献。王积龙（2013）的研究发现，中国环境非政府组织经历了从公众环境素质教育路线转变为以媒体信息公开为核心的公众参与路线，通过环境非政府组织之间相互合作或与政府结盟等形式来引导舆论。该研究还发现多数环境非政府组织面临着法律身份尴尬与经济来源困顿的窘境，这会影响到它们参与引导舆论的能力。苏哈托（Suharko，2015）以印度尼西亚针对青年群体的环境非政府组织为例，发现环境非政府组织促进了大学生的参与环保行动意愿，也帮助了城市儿童、青年和社区参与环境保护。

（二）环境非政府组织对企业环境行为的影响

环境非政府组织起步时期，由于在社会上的影响力有限，特别对企业来说，它的影响尚不能与法律的约束力相比。这一时期，环境非政府组织只能通过公众抗议、民事诉讼和投诉信等行动来间接影响企业的绿色行为（Sharma and Henriques，2005；Eesley and Lenox，2006）。但是，环境非政府组织的这些行动可能会大大损害涉事企业（公司）的声誉和竞争力（Eesley and Lenox，2006），也对健全法律法规施加了压力。之后，部分文献聚集于当地社区，或者把环境非政府组织与其他利益相关者捆定在一起考察对企业环境行为的影响（Cribb，1990；Aden et al.，1999；Epstein and Schnietz，2002；Neumayer and Perkins，2004；Fredriksson et al.，2005；Bernauer et al.，2013；Triguero et al.，2013）。环境非政府组织这种影响作用主要体现在与环境非政府组织处于同一地区的企业，具有典型的本地化效应（Gómez-Mejía et al.，2007；Berrone et al.，2010）。马焦尼和史华罗（Maggioni and Santangelo，2017）利用意大利制造企业的面板数据，考察了当地环境非政府组织对企业绿色投资战略的影响，发现这种影响只体现在家庭企业中。伊德穆迪亚（Idemudia，2017）考察了尼日利亚的环境非政府组织与企业的伙伴关系，认为环境非政府组织与企业之间应该建立良性的互动关系。罗德拉等（Rodela et al.，2017）通过环境非政府组织在斯洛文尼亚的自然保护区80个风车项目选址的案例研究，重点分析了欧盟成员国的环境非政府组织在环境治理过程中的国际合作。

在企业与环境非政府组织的关系上，胡军（2008）认为企业与环境非政府组织建立的绿色联盟会给企业带一些不确定的风险，需要加强防范措施。李苏和邱国玉（2012）认为可以通过企业与环境非政府组织的跨界合作，让企业的环境社会责任与环境非政府组织的使命结合起来，推进地区环境质量改善。

（三）环境非政府组织对政府环境行为的影响

已有研究表明，在宏观层面上，环境非政府组织等民间社会都可以直接或者间接地改善一个国家或地区的环境质量（Neumayer and Perkins，2004；Fredriksson et al.，2005；Bernauer et al.，2013）。赖克（Riker，1994）研究了环境非政府组织在印度尼西亚组织的自下而上的环境运动，这些行动间接提高了政府的环境意识。李艳芳（2004）认为公众参与环境保护的机制还不完善，国家需要给环境非政府组织提供宽松的法律环境，环境非政府组织也应当积极利用法律资源参与环境保护，从而提高公众参与水平。范德海登（Van Der Heijden，2006）认为环境非政府组织可以在全球化背景下与国际环境非政府组织加强合作，从而弥补政府在环境治理中无法实现的国际合作，通过民间组织来推进政府间的国际环境治理合作。张（Cheung，2007）

讨论在环境保护方面香港的非政府组织与政府 - 企业之间的互动关系中，发现环境非政府组织与政府 - 企业维持好良好的互动关系有利于环境非政府组织各项正常功能的实现。法嘎纳和瑟尔卡（Fagan and Sircar，2010）对前南斯拉夫西部巴尔干半岛在中欧和东欧继承国的环境非政府组织的发展进行实证研究发现，国家当局监管能力薄弱和权力混淆是影响环境非政府组织发展的主要因素。约翰逊（Johnson，2011）、张等（Zhang et al.，2016）发现中国实施环境信息公开政策之后，环境非政府组织得到快速发展，这反过来对政府和企业的环境信息公开施加了压力。博斯特伦等（Boström et al.，2015）通过研究由瑞典、德国、波兰组成的波罗的海地区，以及由意大利、斯洛文尼亚和克罗地亚组成的亚得里亚海 - 爱奥尼亚海地区的环境非政府组织的跨国环境治理合作，探讨了进行跨国环境治理合作的必要条件。斯拉维科娃等（Slavíková et al.，2017）通过对比分析捷克和德国边境地区的环境非政府组织在保护国家生态多样性方面的作用，同时考察了特定的社会和历史条件下边界地区环境非政府组织对生物多样绩效的影响。哈希米等（Hashemi et al.，2017）采用多种方法考察环境非政府组织行使职能条件、影响机制和具体策略。萨利赫和赛福鼎（Saleh and Saifudin，2017）对马来西亚 13 个媒体和 11 个环境非政府组织针对环境问题的采访发现，媒体和环境非政府组织在向大众社会传递环境信息过程中起着非常关键的作用，对于提高大众的环境意识非常重要。施沃姆和布鲁斯（Shwom and Bruce，2018）对 15 个环境非政府组织的领导人就如何提高跨部门和地区间的能源效率进行访谈，发现环境非政府组织的领导人已建立了一套新的战略策略，可以动态地观察跨部门的能源利用效率。

三、环境非政府组织的环境治理效应研究

（一）环境非政府组织与污染减排

从省级层面研究环境污染的减排效应已有大量文献。陈昭等（2008）利用分省的面板协整模型、王彦彭（2008）利用中部六省面板数据，史安娜和马轶群（2011）利用江苏和浙江两省的数据、白永亮等（2014）利用长江中游城市群的数据研究污染与经济增长之间的关系，高宏霞等（2012）研究

省级环境库兹涅茨曲线的内在机制，陈明（2016）考察省级财政分权对环境污染的影响，邹非等（2016）利用省级面板数据考察了环境绩效驱动与环境污染之间的关系。雷平等（2016）采用省级万人拥有的环境非政府组织数量衡量环境非政府组织的作用，并采用系统广义矩模型和空间计量模型的估计方法考察其对地区环境污染强度的影响。结果发现，环境非政府组织显著改善区域的环境污染水平，环境非政府组织的数量每增加 1%，环境污染强度减少 0.5%。

从地级城市层面对环境污染减排进行研究的文献相对更为丰富一些。刘炯（2015）从生态转移支付，刘建民等（2015）、谢波和项成（2016）、王华春和于达（2017）从财政分权，张可和豆建民（2015）、邵帅等（2019）从产业集聚，吴培材和王忠（2016）从官员更替，秦晓丽和于文超（2016）从外商直接投资，毛德凤等（2016）从城市扩张和财政分析，卢建新等（2017）从工业用地和引进外资质量等方面考察与环境污染，或者环境治理之间的关系，特别是部分采用非线性估计方法开展的研究取得了比较丰硕的成果。孙开和孙琳（2016）侧重于考察财政环境保护支出的效应。也有部分研究从环境规制角度考察环境治理的效应（赵霄伟，2014；靳亚阁和常蕊，2016；汤旖璆，2917；宋德勇和蔡星，2018），但这些研究侧重于正式的环境规制。李等（Li et al.，2018）考察了环境非政府组织与城市环境治理之间的关系，发现环境非政府组织对政府环境信息公开情况进行量化评价后，这些政府会加大环境治理力度，从而达到污染减排的作用。

从现有文献来看，只有雷平等（2016）、李等（Li et al.，2018）是从环境非政府组织角度考察污染减排效应。

（二）环境非政府组织与产业转移

将产业转移到一些环境规制不强的地区，环境经济学家将此现象称为“污染避难所”假说。张可云和傅帅雄（2011）对中国“污染避难所”现象进行分析，并对环境规制与产业布局之间的关系进行了梳理。张彩云和郭艳青（2015）的研究发现，环境规制水平与污染产业转移呈现 U 型曲线关系。张平和张鹏鹏（2016）将环境规制分为正式和非正式环境规制，考察环境规制对产业区际转移的影响机制，结果发现正式和非正式的环境规制对污染密集型产业的区际转移都具有显著影响。王艳丽和钟奥（2016）发现政府降低环境规制水平会出现“逐底竞争”和“污染避难所”假说。张成等（2017）将西部大开发政策与“污染避难所”结合起来研究发现，西部大开发并没有导致本部地区成为“污染避难所”。

此外，傅帅雄等（2011）从经典贸易模型、杨来科和张云（2012）将环境纳入 H－O 模型、周长富等（2016）从 FDI 的区位选择等角度出发，对贸易（FDI）导致的“污染避难所”效应展开研究；魏玮和毕超（2011）从新建企业的区位选择、李俊（2014）从污染产业的代工企业空间转移特征、周浩和郑越（2015）从新建制造业企业的选址、周沂等（2015）从污染密集型企业地理分布特征等角度考察“污染避难所”效应；傅帅雄等（2011）从污染产业的全要素生产率，张先锋等（2015）从产业升级效应，钟茂初等（2015）从产业结构变迁效应，彭峰和周淑贞（2017）从高新技术产业创新效率等角度验证了环境规制的“污染避难所”效应。研究方法上，格兰杰因果关系和协整方法（彭文斌等，2011）、演化博弈方法（彭文斌等，2013）、门限模型（徐鹏杰，2018）、交互效应模型（董琨和白彬，2015）等研究方法在产业转移研究中得到广泛运用；特别是空间计量在测度空间影响过程的良好表现，逐渐成为研究污染的主流方法：薛福根（2016）采取空间动态面板模型研究产业结构变化的污染溢出效应，发现在环境规制下大气污染呈现溢出效应，而水污染呈现流域越界效应；沈坤荣等（2017）将环境规制的临近效应考虑到空间计量模型中，采用工具变量法研究发现，邻近地区的环境规制加强的确会加剧本地区环境污染水平，存在环境污染的就近转移现象；呙小明和黄森（2018）采用 SBM-Undesirable 模型和空间计量模型考察区域产业转移对工业绿色效率的影响，发现产业转移和政府规制并未能带动工业绿色效率的提高。

现有研究已广泛验证了中国存在“污染避难所”现象，特别是将环境规制与污染产业结合起来研究的结果明显发现，污染产业存在向环境规制弱、向中西部地区转移，邻近地区环境规制加强会让邻近的污染企业转移到本地，从而加重本地区的环境污染。但环境规制有正式和非正式两种，只有张平和张鹏鹏（2016）讨论了非正式环境规制对污染产业的影响。现实情况是，直接对污染企业产生影响的环境非政府组织，其环境活动会直接影响到污染企业的经营状态和存活可能。但是目前的文献对这一研究还并不多。

（三）环境非政府组织与环境全要素生产率

在已有的文献中，已经存在大量对环境全要素生产率的研究。第一，关于环境全要素生产率测算的研究，一种方法是以 Solow 的增长理论为基础，将环境因素纳入投入要素中，测算环境全要素生产率（Chow，1993；Borensztein and Ostry，1996；Wang and Yao，2003；Zheng et al.，2009；陈诗一，2009）；另一种方法是将环境消耗作为非期望产出，在放松规模报酬不变的假定下，借助数据包络法（data envelopment analysis，DEA）测算效率的方法，运用广义 Malmquist 指数与随机前沿函数模型（SFA）相结合的方法，测算环境全要素生产率（胡鞍钢等，2008；李静，2009；王兵等，2010；贺胜兵等，2010；匡远凤和彭代彦，2012）。第二，地区间环境全要素生产率的空间关系、空间溢出、时空演变展开的研究（杨桂元和吴青青，2016；谭政和王学义，2016；王裕瑾和于伟，2016；李卫兵和涂蕾，2016；黄秀路等，2017；李卫兵和梁榜，2017；刘华军等，2018）。第三，针对某些具体因素，考察这些因素对环境全要素生产率的影响，李斌等（2016）、杨世迪等（2017）、王恕立和王许亮（2017）考察 FDI 对环境全要素生产率的影响；张帆（2017）、王小腾等（2018）定量考察了金融发展对环境全要素生产率的影响；谌莹和张捷（2016）考察了碳排放、绿色全要素生产率与经济增长的关系，刘赢时等（2018）分析了产业结构升级、能源效率与环境全要素生产率的关系，师博等（2018）分析了创新投入、市场竞争与制造业环境全要素生产率的关系。还有文献，他们侧重于考察环境规制对环境全要素生产率的影响，刘和旺和左文婷（2016）、蔡乌赶和周小亮（2017）、黄庆华等（2018）从省级层面考察环境规制对环境全要素生产率的影响，张建华和李先枝（2017）将政府干预，杜俊涛和陈雨（2017）、卞元超等（2018）将财政分权，傅京燕等（2018）将 FDI、王伟和孙芳城（2018）将金融发展，龚新蜀和李梦洁（2019）将 OFDI 纳入环境规制与环境全要素生产率的研究中，考察诸多因素与环境规制对环境全要素生产率的交互影响。上述文献的环境规制大多采用环境投资占比作为度量方式，但环境规制的内涵较广，只要有利于环境改善的政策、措施均可以称为环境规制，例如李卫兵等

（2019）将两控区政策作为一种环境规制政策，采用双重差分的方法，识别出两控区政策对环境全要素生产率的因果关系。正如前面介绍中所说，环境规制分为正式环境规制和非正式的环境规制，像两控区这样的政策，是国家从环境治理角度出发，制定的环境政策可以称为正式的环境规制；但一些非正式的环境规制也会对地区的环境全要素生产率产生影响。环境非政府组织参与环境治理就是一种非正式环境规制的影响，但现有文献鲜有对环境非政府组织与环境全要素生产率的相关研究。

第三节　文献评述

环境非政府组织参与环境治理这一科学问题，已受到学术界的重视。现有研究对环境非政府组织参与环境治理的演进过程有清晰的认知，环境非政府组织参与环境治理的案例研究也较为丰富；部分文献从不同角度考察环境非政府组织对政府、产业、企业和个人环境行为的具体影响机制，但还不系统，仍存在诸多需要进一步探讨的空间。总体而言，现有研究还存在着如下不足：

第一，现有研究中针对环境非政府组织参与环境治理的定量研究较少。研究内容上，针对环境治理效应的文献较多，较多采用定性的研究对环境非政府组织参与环境治理进行了大量的研究，并取得较多有意义的结论，但是从定量角度，特别是运用计量经济学研究环境非政府组织参与环境治理的文献较少。随着学界对定量研究方法日益重视，已有部分文献开始研究环境非政府组织的环境治理本地化效应。随着大数据时代的到来和环境大数据的丰富，对环境非政府组织参与环境治理的定量化研究必然成为趋势。本书侧重于定量研究，应用微观计量经济学的因果识别方法，通过巧妙地处理内生性问题，估计出环境非政府组织的环境治理净效应。

第二，现有研究未将环境非政府组织的作用引入经济增长的理论模型。随着学界对环境问题的重视，已有文献将环境作为一个独立的部门纳入经济增长模型做了大量工作，并得到较有用的研究结论。但现有文献的研究还存在诸多不足，例如仅环境部门内部仅考虑了环境的自我修复能力和环境污染的损耗并没有考虑环境部门的治理，而且并没有将环境的从业人员从人力资本中分离出来。事实上，随着环境状态的恶化，从事环境部门的人力资本越来越多，必将对整个社会的其他部门产生影响。因此，有必要在经济增长模型中考察环境治理的人力资本（环境非政府组织的从业人员），通过数理推导，从理论阐释环境非政府组织如何影响政府、产业、企业的环境行为，可以从理论上推导出其影响机制和路径。

第三，现有研究多数以案例研究入手，缺少对环境非政府组织的系统性研究。由于环境非政府组织的规模、发展时间等存在较大的差异，所以在已有文献中，侧重于通过案例的形式研究环境非政府组织参与环境治理的具体策略；而系统性地考察环境非政府组织的平均治理效应现在研究相对不足；更不用说，在同一研究中，从国际到国内，从宏观到中观、再到微观，对环境非政府组织进行全面、系统的考察。本书拟从多个角度、多个层面对环境非政府组织参与环境治理的综合效应进行全面分析和讨论，并对其中的内在影响机制进行深入考察。

第四，现有研究针对中国的环境非政府组织研究非常丰富，但研究中国环境非政府组织环境治理效应的研究较少。现有研究针对中国的环境非政府组织的发展历程、存在问题、主要功能和业务范围等进行了大量的探索，但是较少考察环境非政府组织的环境治理效应。事实上，环境非政府组织的环境治理效应是尤为重要的，关乎环境非政府组织基本功能的体现效果，影响着政府、企业对环境非政府组织的态度，更影响着整个社会环境行为、环境意识的形成。因此，中国作为当前最大发展中国家，也是污染程度最为严重的国家，非常有必要对环境非政府组织的环境治理效应进行系统研究。

| 第三章 |

理论模型与机制分析

第一节　理论模型

在经济社会中，环境非政府组织是一个重要组织，具有非营利和非政府的性质，不符合理性人的假说。因此，无法将环境非政府组织看成一个理性人，也就无法在经济理论模型中体现。在已有的经济理论模型中，尤其环境经济学理论框架下，并没有将环境非政府组织纳入环境经济模型。虽然环境非政府组织不能作为经济社会中的一个独立部门，但可以将环境作为一个独立部门（Acemoglu et al.，2012）。与已有研究不同，本书将环境非政府组织参与环境治理作为一个因素在环境部门中加以体现，进而综合分析环境非政府组织的环境治理效应。

一、模型基本框架

罗默（Romer，1990）模型主要是在一个封闭的经济系统里进行讨论的，其模型基本框架是将经济分为三个部门：研发（R&D）部门、中间产品部门和最终产品部门，主要考察四种基本的投资要素：资本（K）、劳动（L）、人力资本（H）和知识（A），其中人力资本既可以投入到最终产品部门（用H_Y表示），也可以投入到 R&D 从事创新活动，成为从事研究开发新的中间产品的人员（用 H_A表示）。而且还假设只生产一种最终产品，其产量为 Y。

在罗默（Romer，1990）模型的基础上，不少学者将其进行扩展，其中宇泽（Uzawa，1965）和卢卡斯（Lucas，1988）认为人力资本外生性不符合经济学的基本现实，于是将人力资本内生化，增加了一个人力资本开发部门。阿西莫格鲁等（Acemoglu et al.，2012）认为环境对经济增长具有特殊的作用，应该将其作为一种特殊的生产要素，例如空气质量、水的质量、土地的肥力等，而且环境不仅是一种生产要素，随着环境污染问题的恶化，会随之产生一个环境部门，致力于环境质量的改善工作。假定环境部门生产环境产品，并出售给最终产品部门（假定只有最终产品部门在生产最终产品过程中消耗了环境要素）。最终产品部门对环境产品的消耗表现为进行产品生产时排出废水、废气等污染物对环境造成污染和破坏。在罗默（Romer，1990）模型中，假定生产一单位中间产品需要消耗 η 单位的资本，为了简化处理，假定生产一单位中间产品刚好消耗一单位的资本。同时，引入环境生产部门后，整个经济系统将由四个部门构成：人力资本生产部门、环境部门、研发部门和最终产品部门。包括五种生产要素投入：环境（E）、资本（K）、劳动（L）、人力资本（H）和知识（A）。

未来的竞争是人力资本的竞争（胡鞍钢，2002），那么在本模型中，需要对人力资本进行分配。第一，人力资本研发部门，它需要投入大量的高端人力资本，从事人力资本的开发工作，将这部分的人力资本数量定义为 H_H；第二，在最终生产部分也需要大量的人力资本投入到最终产品的生产活动，将这部分人力资本定义为 H_Y；第三，知识部门的再生产，也需要大量的人力资本投入，定义为 H_A；第四，是环境部门的环境治理，也需要大量的人力资本，主要表现为环境非政府组织的从业人员，也就是环境保护爱好者，定义为 H_N。将这四个部门的人力资本汇总得到总的人力资本：

$$H = H_Y + H_A + H_H + H_N \tag{3-1}$$

（一）最终产品部门

将环境作为一个重要生产要素纳入最终产品函数。同时假定引入环境生产要素的最终产品生产函数满足 Cobb-Douglas 生产函数的形式，则最终产品的生产函数为：

$$Y = A^{\alpha+\beta} H_Y^{\alpha} L^{\beta} K^{\gamma} R^{x} \tag{3-2}$$

其中，Y 为最终生产部门的产量；A 为知识的投入；H_Y为人力资本的投入；L 为劳动投入；K 为资本投入；R 为环境投入。α，β，γ，x 为各种要素的投入弹性，且满足 $\alpha+\beta+\gamma+x=1$。

（二）人力资本部门

根据卢卡斯对人力资本生产函数的设定，人力资本开发部门对自身投入 H_H部分进行人力资本开发，人力资本开发部门的生产函数形式为：

$$\dot{H}=\delta_H H_H \tag{3-3}$$

其中，$\dot{H}$为人力资本增量；$\delta_H>0$ 为人力资本开发部门的生产效率；H_H为进行人力资本开发活动的人力资本投入量。

（三）R&D 部门

根据罗默模型，R&D 部门产出取决于该部门人力资本投入以及已有的知识资本存量，但不需要物质资本，其生产函数形式为：

$$\dot{A}=\delta_A H_A A \tag{3-4}$$

其中，$\dot{A}$为知识的增量；$\delta_A>0$ 为 R&D 部门的生产效率；H_A 为投入到 R&D 部门从事技术创新的人力资本。

（四）环境部门

在环境部门，假定当前拥有的环境存量为 $E(t)$，初始状态的环境存量为 $E(0)$ “出售”给最终产品部门的量为 R，最终产品部分在组织生产中“收到”环境部门提供的环境要素 R 后，即表现为对环境的污染损耗，它是随着时间的变化而变化的，会影响环境存量的变化，因此得到环境存量 E 的方程为：

$$E(t)=E(0)-\int_0^t R(i)\,\mathrm{d}i \tag{3-5}$$

此时 E 的积累方程为：

$$\dot{E}=-R \tag{3-6}$$

但考虑到环境具有一定的再生产能力，并且再生产能力与现有的环境存量呈正相关，则其再生产能力的函数为：

$$\dot{E} = \mu E \tag{3-7}$$

其中，μ 为环境再生产的能力系数。同时环境具有特殊性，当环境消耗过度时，将引起巨大的灾难。因此，环境部门不会坐视环境资源的无节制消耗和污染，将投入一定资本对环境要素进行管理，这样可以有效地降低污染排放和损害，因此有$\dot{E} = \theta M$。其中，M 为环境管理费用；θ 表示环境部门对环境的管理效率，θ 越大说明环境的管理效应越高，生产过程中排放出污染物越少，污染损害越小。

在环境治理过程中，一方面是投入一定的资金进行环境修复；另一方面，需要环境从业人员对环境知识进行宣传和教育、针对环境行为进行监督和制止。这需要一批从事环境治理的专业人员。这部分人员由两部分构成，一是政府部门的环境管理机构及从业人员，他们主要从行政的角度对环境进行管理，带有一定的强制性；二是一些非政府组织机构及其从业人员，他们拥有专业的知识，对环境治理和环境的可持续发展做了非常多的工作。因此，在环境部门里，需要考虑这些机构和人员的工作。$\dot{E} = \theta M$ 部分加入了环境管理的效率，意味着已经考察了政府环境管理部门的影响。只需要加入环境非政府组织的影响即可，于是有：

$$\dot{E} = \phi H_N \tag{3-8}$$

其中，H_N代表在环境非政府组织里就业的人力资本；ϕ 为环境非政府组织机构和从业人员工作的效率，与环境非政府组织的人力资本有关，是 H_N的增函数。最后同时考察环境损耗、再生产管理、环境治理等对环境存量的影响，则环境存量 E 的积累方程为：

$$\dot{E} = \mu E + \theta M + \phi H_N - R, (E > 0, \mu > 0, \phi > 0, \theta > 0) \tag{3-9}$$

二、消费者偏好

为了分析可持续发展问题，必须综合考虑福利的内涵。拉姆齐（Ramsey，1928）的效用函数假定追求尽可能高的消费效用水平是唯一的福利函数。但随着环境问题的加剧，人们除了追求高质量的产品消费之外，还希望获得高水平的环境质量，另外还有休闲和享乐等精神层面的需求，这些需求在拉姆齐（Ramsey，1928）的效用函数中没有得到实现。综合考虑消费与环境需求来定义福利，借助格里莫和鲁索（Grimaud and Rouge，2003；2005）的做法，假定代表性消费者在无限时域上对消费 C 和环境存量 E 产生效用，且有一个标准的固定弹性、加性可分效用函数，对拉姆齐（Ramsey，1928）的效用函数模型进行修正：

$$U(C,E)=\frac{C^{1-\sigma}}{1-\sigma}+\frac{E^{1+\omega}-1}{1+\omega},(\sigma>0,\omega>0) \tag{3-10}$$

其中，$U(C,E)$ 为考察消费和环境的可分瞬时效用函数；σ 为相对风险厌恶系数（跨期替代弹性的倒数）；ω 为环境意识参数，表示对环境质量的偏好程度。

三、动态最优化问题

假定存在一个社会计划者（国家），面临的问题是在（3－1）式、（3－2）式、（3－4）式和（3－8）式的约束条件下，如何选择 C 和 E 最大化代表性消费者跨期总效用，于是，其目标是寻求可持续经济最优增长率，即求解如下动态最优化问题：

$$\max_{C,H_Y,H_A,M,H_N}\int_0^{\infty}\frac{C^{1-\sigma}}{1-\sigma}+\frac{E^{1+\omega}-1}{1+\omega}e^{-\rho t}\mathrm{d}t$$

$$\text{s. t.}\begin{cases}Y=A^{\alpha+\beta}H_Y^{\alpha}L^{\beta}K^{\gamma}R^{x}\\H=H_Y+H_A+H_H+H_N\\\dot{K}=Y-C-M\\\dot{A}=\delta_A H_A A\\\dot{H}=\delta_H H_H\\\dot{E}=\mu E+\theta M+\phi H_N-R\end{cases} \tag{3-11}$$

其中，$\rho>0$，表示时间贴现率，其经济含义为消费者对当前消费的偏好程度。

该动态最优化问题可以利用极大值方法进行求解，为此定义 Hamilton 函数为：

$$J=\frac{C^{1-\sigma}}{1-\sigma}+\frac{E^{1+\omega}-1}{1+\omega}+\lambda_1(A^{\alpha+\beta}H_Y{}^{\alpha}L^{\beta}K^{\gamma}R^{x}-C-M)+\lambda_2\delta_A H_A A+\lambda_3\delta_H H_H$$
$$+\lambda_4(\mu E+\theta M+\phi H_N-R) \tag{3-12}$$

其中，C、R、M、H_A、H_Y和 H_N为控制变量；K、A、H 和 E 为状态变量；λ 为 Hamilton 乘子。

最大化 J 一阶条件有：

$$\partial J/\partial C=0\Rightarrow\lambda_1=C^{-\sigma} \tag{3-13}$$

$$\partial J/\partial R=0\Rightarrow\frac{\lambda_1 Y}{R}=\lambda_4 \tag{3-14}$$

$$\partial J/\partial M=0\Rightarrow\lambda_1=\lambda_4\theta \tag{3-15}$$

$$\partial J/\partial H_A=0\Rightarrow\lambda_3\delta_H=\lambda_2\delta_A A \tag{3-16}$$

$$\partial J/\partial H_Y=0\Rightarrow\frac{\alpha\lambda_1 Y}{H_Y}=\lambda_3\delta_H \tag{3-17}$$

$$\partial J/\partial H_N=0\Rightarrow\lambda_4\phi=\lambda_3\delta_H \tag{3-18}$$

Hamilton 函数对应的欧拉方程为：

$$\dot{\lambda}_1=\rho\lambda_1-\frac{\partial J}{\partial K}=\rho\lambda_1-\frac{\lambda_1\gamma Y}{K} \tag{3-19}$$

$$\dot{\lambda}_2=\rho\lambda_2-\frac{\partial J}{\partial A}=\rho\lambda_2-\frac{\lambda_1(\alpha+\beta)Y}{A}-\lambda_2\delta_A H_A \tag{3-20}$$

$$\dot{\lambda}_3=\rho\lambda_3-\frac{\partial J}{\partial H}=\rho\lambda_3-\lambda_3\delta_H \tag{3-21}$$

$$\dot{\lambda}_4=\rho\lambda_4-\frac{\partial J}{\partial E}=\rho\lambda_4-E^{w}-\lambda_4\mu \tag{3-22}$$

横截性条件：

$$\begin{cases}\lim\limits_{t\to\infty}\lambda_1 Ke^{-pt}=0\\ \lim\limits_{t\to\infty}\lambda_2 Ae^{-pt}=0\\ \lim\limits_{t\to\infty}\lambda_3 He^{-pt}=0\\ \lim\limits_{t\to\infty}\lambda_4 Ee^{-pt}=0\end{cases} \tag{3-23}$$

上述一阶条件、欧拉方程和横截性条件完整地描述了系统的最优动态方程。

四、动态均衡分析

最优增长路径的选择实际是如何选择状态变量和控制变量，使代表性消费者跨期效用最大化的问题。将$g_x = \dot{X}/X$ 表示任意变量 X 的增长率。在均衡增长路径上，从变量消费、投资、产业和环境管理费用的关系可知，Y、K、M 和 C 具有相等的增长率，$g_Y = g_K = g_C = g_M$，且为常数；人力资本积累方程（3－4）式，$g_H = g_{H_Y} = g_{H_A} = g_{H_H} = g_{H_N}$，也为常数；由研发部门的积累方程可知，$g_A = \dot{A}/A = \delta_A H_A$。

对一阶条件中的各式两边分别取对数，并对时间求导，有：

$$g_{\lambda_1} = -\sigma g_C \tag{3－24}$$

$$g_{\lambda_4} = g_{\lambda_1} + g_Y - g_{H_Y} \tag{3－25}$$

$$g_{\lambda_1} = g_{\lambda_4} \tag{3－26}$$

$$g_{\lambda_3} = g_{\lambda_4} \tag{3－27}$$

$$g_{\lambda_2} + g_A = g_{\lambda_3} \tag{3－28}$$

$$g_{\lambda_1} + g_Y - g_R = g_{\lambda_4} \tag{3－29}$$

根据联立欧拉方程，可以得到以下表达式：

$$g_{\lambda_1} = \rho - \frac{rY}{K} \tag{3－30}$$

$$g_{\lambda_2} = \rho - \frac{\lambda_1(\alpha+\beta)Y}{\lambda_2 A} - \delta_A H_A \tag{3－31}$$

$$g_{\lambda_3} = \rho - \delta_H \tag{3－32}$$

$$g_{\lambda_4} = \rho - \frac{E^w}{\lambda_4} - \mu \tag{3－33}$$

通过联立求解，得到最优的增长路径上各经济变量的稳态增长率：

$$g_H = g_{H_Y} = g_{H_A} = g_{H_H} = g_{H_N} = (\delta_H - \rho) + (1-\sigma) g_Y \tag{3－34}$$

$$g_E = g_R = g_M = g_Y = g_C = g_K \tag{3－35}$$

$$g_Y = g_C = g_K = \frac{(\alpha + \beta)\delta_A H_A + \alpha(\delta_H - \rho)}{\beta + \alpha\sigma} \tag{3-36}$$

$$\sigma = \omega \tag{3-37}$$

五、比较静态分析

从平衡增长路径的参数来看，环境部门对经济的平衡增长并没有影响，但是，环境部门却对环境投入和经济水平产生影响，这才是本书关心的内容。结合（3－1）式和（3－13）式～（3－18）式，求解出 R 与 H_N 之间关系式：

$$R = \frac{x\phi H_Y}{\alpha} = \frac{x\phi(H - H_N - H_A - H_H)}{\alpha} \tag{3-38}$$

求解 R 对 H_N 的偏导数：

$$\frac{\partial R}{\partial H_N} = -\frac{x\phi}{\alpha} < 0 \tag{3-39}$$

从（3－39）式可以看出，环境非政府组织的从业人员（或者非政府组织的机构数）与环境污染水平呈现负相关。于是，可以得到如下假说：

假说1：随着一个地区环境非政府组织从业人员的增加，或者环境非政府组织机构规模的壮大，该地区的环境污染水平将得到缓解，说明环境非政府组织具有环境污染的减排效应。

根据假说1，如果一个地区的环境非政府组织不断壮大，环境非政府组织的志愿者规模不断壮大，污染企业将会面临极大困境：一方面需要减少污染排放，让自己的生产行为达到环境保护标准；另一方面，通过环境投资改善排放中对环境有害的因素。如果从企业角度出发，企业在面临巨大的环境压力和环境非政府组织的严密监控之下，企业可能会有其他的选择：第一种选择是行业选择，企业可以改变其生产经营方向，转向没有环境压力的行业；第二种选择是区位选择，继续从事具有污染属性的行业，但可以选择一些环境非政府组织较少、环境压力较小的地区重新组织生产。不管企业如何选择，对一个地区来说，其污染行业的所占比重将会减少，呈现污染产业转移的现象。因此，可以推导出如下假说：

假说2：当一个地区的环境非政府组织规模不断壮大，或者说环境非政府组织从业人员不断增加，该地区的污染产业比重下降，即存在环境非政府组织的产业转移效应。

结合（3－1）式和（3－13）式、（3－18）式，求解出 Y 与 ϕ 之间关系式：

$$Y = \frac{\phi H_Y}{\alpha\theta} \tag{3-40}$$

根据（3－40）式，求解出 Y 对 ϕ 的偏导数：

$$\frac{\partial Y}{\partial \phi} = \frac{x H_Y}{\alpha\theta} > 0 \tag{3-41}$$

根据（3－2）式和（3－41）式，把 Y 看成是 A 的函数，同时把 A 看成是 ϕ 的函数，于是（3－41）式可以改写成：

$$\frac{\partial Y}{\partial A} \times \frac{\partial A}{\partial \phi} = \frac{x H_Y}{\alpha\theta} > 0 \tag{3-42}$$

从经济增长理论可知，知识的投入与总产量之间是正相关的，则有 $\partial Y/\partial A > 0$，由此可以得到：

$$\frac{\partial A}{\partial \phi} > 0 \tag{3-43}$$

根据前面的假说，A 为知识的投入，但其经济含义为全要素生产率，是除了劳动、资本等生产要素之外，促进经济增长的重要因素。在（3－2）式中，考虑了环境要素的投入，则此时的 A 可以理解为环境全要素生产率。由于 ϕ 是 H_N 的增函数，所以有 $\frac{\partial \phi}{\partial H_N} > 0$，最后可以得到：

$$\frac{\partial A}{\partial H_N} > 0 \tag{3-44}$$

（3－44）式的经济含义可以理解为：环境非政府组织的环境治理效率与环境全要素生产率之间呈现正向关系，即随着环境非政府组织工作效率的提高，整个社会的环境全要素生产率也会提高。而环境非政府组织的环境治理效率来自环境非政府组织规模的壮大和从业人员的增加，根据这个思路，可以提出如下假说：

假说3：随着一个地区的环境非政府组织从业人员增加，或者说环境非政府组织的机构规模壮大，该地区的环境全要素生产率将会得到提升，即存在环境非政府组织的环境全要素生产率提升效应。

第二节 机制分析

一、环境非政府组织参与环境治理的理论分析

（一）环境非政府组织是公众参与环境治理的主要途径

在环境治理过程中，公众在不同的情境下有着不同的角色，可以是普通公众、环境保护主义者以及其他利益相关者。无论什么情境和角色，公众均有权利和义务参与环境治理。但是，公众在不同情境下参与环境治理的途径和方式有所不同。总体来说，公众参与环境治理主要有以下四种途径：

第一，咨询委员会。咨询委员会是一系列官方或非官方成立的由一定人数的市民、专家、利益团体组成的决策咨询机制，在西方国家的联邦政府和地方政府均广泛存在。按美国国家环境保护局发布的公众参与政策指南，当需要获得非联邦政府雇员的个人与群体的意见与建议时，环境保护局会考虑是否成立一个咨询委员会（茅于轼，1990）。咨询委员会是政府发起组织，既是公众参与的平台，也是政府获得信息反馈的重要来源。按照美国相关法律法规的规定，重要的交通政策、规划政策及开发项目确定之前，都需要听取市民咨询委员会的建议与意见（楼苏萍，2012）。

第二，听证会与座谈会。各种类型的听证会、座谈会是公众参与环境治理最为广泛的途径，也是重大环境政策出台的必经之路。在空气资源、水资源管理及有害垃圾处理等政策法规出台之前，政府会按照相关的政策法规，必须经过座谈会与听证会的形式听取公众的意见。公众可以在立法计划、法案的起草、建议稿的评论及听证阶段参与到决策中来。此外，还存在各种非正式的小型讨论会、焦点小组等，感兴趣的市民均可以自由参加；而政府部门在公众参与之后必须对公众意见做出整理与反馈（刘淑妍和朱德米，2015）。

第三，环境公益诉讼。环境公益诉讼是公民依法就企业违反法定环境保护义务、污染环境的行为或主管机关没有履行法定职责的行为提起的公益诉讼，是一种积极的公众参与方式，它是公民或公民团体直接介入法律的执行与完善。例如美国纽约州哈德逊河地区的公众起诉联邦动力委员会一案，原因是该委员会批准一家电力公司在哈德逊河上修建跨河电缆。在日本，公众可以依据《公害对策基本法》与《自然环境保护法》提起"公害审判"或"环境保护诉讼"（洪霞，2006）。

第四，环境非政府组织。公众通过参与非政府组织，成为一名环保志愿者是西方国家公众参与环境治理最主要的途径。1865 年，世界上第一个民间的环保组织——公共用地及乡间小组保护协会在英国成立，开启了环境非政府组织的序幕（李峰，2003）。在 20 世纪 70 年代，环境保护运动在西方发达国家如火如荼，环境非政府组织的迅速发展就是最好的例证。2008 年，美国规模最大的野生动物协会成立，拥有 400 万人的会员，年度预算达 8810 万美元（楼苏萍，2012）。环境非政府组织掌握了越来越多的资源，逐渐成为整个环境治理中不可缺少的一部分。环境非政府组织除了开展环境保护的宣传教育外，行动方式与领域正在日益丰富化与多样化，并趋向制度化。以德国的环境与自然保护联盟为例，该联盟作为一个专业化的环境非政府组织，主要业务为环境保护的积极倡导者，但他们也参与听证会、议会委员会的会议、积极参与市政和州等地方政府的计划建筑项目和设施、在法庭上支持公众的法律要求、资助科学研究以获得相关议题的科学支持（鲁茨，2005）。

（二）环境非政府组织参与环境治理的主要途径

公众参与环境治理的一个重要途径就是参加或者组建环境非政府组织，再通过环境非政府组织去影响政府、企业和其他公众。环境非政府组织参与环境治理的方式可以概括为环境运动、环境教育、环境公益诉讼。

第一，环境运动。19 世纪 70 年代开始，"地球之友""绿色和平"等环境非政府组织参与组织了许多环境运动，如街头游行、非暴力示威等活动，以达到对政府部门施加影响的目的（王彦志，2012）。这些环境运动对当时的环境政策提出了挑战。但是欧洲各国环境抗议的程度、议题不尽相同：瑞典和德国的环境保护主义者开始就核能源问题进行抗议；法国环境组织的话语权较弱，对实行国家层面的立法影响较小（Brennan，2006）；意大利的环境抗议大多发生在20世纪60～70年代，之后的抗议行为在数量上、影响上都有所减小。整体来说，环境运动让欧洲各国政府意识到了某些长期失误的政策对环境的损害。

第二，环境教育。环境保护是一个相对专业的问题，需要具备一些必要的知识储备。而正规的教育体系，对环境保护的教育内容相当有限，而且随着经济社会的发展，环境保护知识也是在不断更新换代。许多环境非政府组织拥有环境领域的专家资源，针对重大环境问题具有很强的说服力。环境非政府组织可以通过讲座、主题活动、考察、发表环境问题报告等方式，提高社会的环境知识和环境意识。以“自然之友”为例，该组织成立于1994年，以开展群众性环境教育、倡导绿色文明、建立和传播具有中国特色的绿色文化、促进中国的环保事业为宗旨，被称为“中国文化书院·绿色文化分院”，目前会员群体超过2万人（郇庆治，2008）。哈桑等（Hassan et al.，2009）对马来西亚的研究发现，成年人的环境意识教育主要由非政府组织实现，主要形式是环境讲座、展览、研讨会、会议和户外活动。

第三，环境公益诉讼。全球化背景下，环境问题也成为了国际问题，而对于单一国家环境治理带来了非常大的问题，国际环境非政府组织可以通过国际环境公约，参与国际环境合作协调、谈判，并建设全效的体制机制。在国内，针对环境问题，特别是一些严重的环境事件，环境非政府组织可以积极报道、宣传、披露相关的信息，对企业的环境行为进行监督，从而影响政府、企业的环境政策。当遇到一些环境群体事件，环境非政府组织可以代表公众群体，进行环境公益诉讼。

综上所述，环境非政府组织已成为环境治理的主要渠道，环境治理要形成长效机制必须以充分发挥环境非政府组织作用为基础。环境非政府组织参与环境治理的主要途径有环境运动、环境教育、环境公益诉讼等。

二、环境非政府组织参与环境治理的中国案例

环境非政府组织在不同的政治体制中，其发挥的作用是有差异的。中国

具有特殊的国情，环境非政府组织是否可以发挥具体的环境治理效应？这一部分通过几个环境非政府组织的具体例子，可以更好地理解中国环境非政府组织如何参与环境治理及其具体作用。

（一）绿色江南公众环境关注中心

绿色江南公众环境关注中心（简称“绿色江南”）是一家于 2012 年在苏州成立的环境非政府组织，其使命是关注长三角环境问题，特别是太湖流域的水资源安全。其工作方式为“通过与环保部门充分合作，推动公众参与监督工业污染排放和品牌绿色供应链采购，促进企业节能减排，实现清洁生产，主动承担社会责任，实现多元共治，社会共享，人人支持环保，人人参与环保的大格局。”绿色江南的主要工作包括以下几个方面：

第一，对国家重点监控企业的污染行为进行监控、问询，让环境部门对其进行惩罚。广泛发展群众志愿者，接受志愿者对国家重点监控企业的污染行为举报，通过在绿色江南的博客上公布这些企业的违规污染行为，环保部门可以对这些企业的污染行为进行调查。绿色江南向这些污染企业寄出“就重点排污单位环境数据超标致×××××的一封信”，接受这些企业的回复，并跟进违规企业的处理情况。从表 3－1 可以看出，通过与环保部门通力合作，绿色江南在过去一年的时间里，共举报了 1864 家企业，对这些企业发出信函的当月收到 635 家企业的回复，先后有 202 家企业受到惩罚。绿色江南公开披露企业的污染行为，可以对企业的污染行为起到很好警示作用，让企业为违规排污行为受到惩罚。

表 3－1　　绿色江南 2018 年 3 月至 2019 年 2 月的主要工作

时间	举报企业数（家）	回复企业数（家）	严肃处理企业数（家）	跟进上月严肃处理企业数（家）	污染源调研（处）
2018 年 3 月	111	49	9	—	6
2018 年 4 月	109	25	1	13	7
2018 年 5 月	81	32	4	12	9
2018 年 6 月	94	49	8	14	8
2018 年 7 月	171	64	6	1	7

续表

时间	举报企业数（家）	回复企业数（家）	严肃处理企业数（家）	跟进上月严肃处理企业数（家）	污染源调研（处）
2018 年 8 月	202	78	18	—	8
2018 年 9 月	185	60	19	—	8
2018 年 10 月	176	48	23	—	—
2018 年 11 月	166	47	15	—	—
2018 年 12 月	157	39	21	—	8
2019 年 1 月	189	80	25	—	7
2019 年 2 月	223	64	13	—	1
合计	1864	635	162	40	69

资料来源：由绿色江南官网（http：//www. pecc. cc）的月报数据整理得到。

第二，污染源调研和监督。绿色江南的另一项重要工作是对重点污染源进行调研和监督。从表 3 – 1 可以看出，过去一年的时间里，除 2018 年 10 月、11 月没有对这个项目进行统计之外，其他 10 个月都有污染源调研，总共对 69 个污染源进行深入调研和分析，形成专门调研报告，并向社会公众发布。

第三，与其他环境非政府组织合作开发污染源监管信息公开指数（PITI 指数）。PITI 指数是以公众环境研究中心为首的环境非政府组织共同完成的研究报告。绿色江南主要负责了江苏省 PITI 指数的评定工作。

（二）绿行齐鲁环保公益服务中心

绿行齐鲁环保公益服务中心（简称“绿行齐鲁”）是 2012 年在山东省济南市成立的一家民间环境非政府组织。该环境非政府组织通过发动公众参与、开展环保监督行动、实施政策倡导等手法，致力于构建民间环境监督能力，使环境问题得到快速、有力的介入，让美好环境人人可享。其业务主要通过下面三个项目来实现：

第一，环境污染监督项目。该项目主要通过对重点污染问题进行个案干预，例如对潍坊围潍河污染、广饶县废坑工业固废、东昌府区道口铺人工湿地等问题。再通过专项推动和监督能力建设，解决环境污染问题，维护公众的环境权益。此外，该项目还对上市公司开展环境信息披露、高新技术企业认定检查等工作，适时发布《山东省重点企业在线数据观察报告》《山东再现上市公司环保信息披露违规》等报告。

第二，护水网络项目。该项目已成立青岛清源团队、黄岛义工联、济南山东大学团队、聊城团队、德州团队、青岛在行动团队、菏泽团队、济南大学团队、小雨点团队等护水团队，以这些公益团队为枢纽，引导公众通过参与水环境监督，提升其参与环境事务的意识和能力，解决公众参与不足的问题。

第三，环境信息公开与政策倡导。借鉴公众环境研究中心的评价方法，对山东省 17 个城市的污染源监管信息公开情况进行评价，并从 2012 年开始，发布《山东省 17 城市污染源监管信息公开指数（PITI）排名报告》，截至 2018 年已发布 5 期。通过对山东 17 个城市 PITI 指数进行评价，推进环保部门的信息透明。同时，通过提案、立法建议、政策建议等方式解决调查实践中发现的环境问题，推动环境治理的制度化建设。

（三）绿色潇湘环保科普中心

绿色潇湘环保科普中心（简称“绿色潇湘”），是成立于 2011 年的湖南本地的环境非政府组织。该机构的使命是致力于湖南省生态环境保护，提倡可持续的生活方式。目前主要开展“河流守望者”行动网络等项目，2013 年绿色潇湘带领的湘江守望者群体获全国普法办、司法部和原中央电视台联合颁发的“CCTV2013 年度法治人物”称号。

第一，河流守望者。绿色潇湘从 2011 年启动了“守望母亲河”项目，发展湘江流域民间观察和行动网络，先后在湘江流域沿岸招募了近百名本地志愿者，通过定点的日常环境监测、监督工业排污、推动环境执法和政府部门环境信息公开等方式，解决湘江流域的环境污染问题，这些志愿者被称为“湘江守望者”。2014 年，绿色潇湘将湘江网络的模式推广到湘、资、沅、澧四水流域，在湖南全省范围内招募本地守望者，采用“本地问题本地人解决”的策略，构建起了一个由湖南本地环保志愿者组成的“守望者行动网络”。

第二，“四分之一蓝天”减霾总动员行动计划。该计划从 2015 年开始，每期招募 10 组本地亲子家庭组队参加减霾行动，具体任务包括灰霾科普学习、每日测霾工作、寻找减霾伙伴、我的蓝天行动、减霾行动分享等。通过一系列的科普教育和减霾体验，让孩子和家庭重视空气污染，开展雾霾防护宣传，最大程度地保护儿童身体健康。

第三，垃圾净滩 100 平方米。绿色潇湘于 2016 年发起了“万人牵手护湘江”垃圾净滩百平方米行动，联合湘江流域沿岸的河流守望者、NGO 伙伴等发动企业、政府、公众参与垃圾净滩，科学收集垃圾监测数据并统一公布，推动本地公众关注河流垃圾问题并学会从源头减少垃圾产生，为政府的河流垃圾治理政策提供支持，共同探索破解垃圾困境的办法。

上述三个环境非政府组织只是从事环境治理的非政府组织代表，还有众多环境非政府组织在自己的领域从事环境治理工作。通过三个案例可以看出，环境非政府组织通过发挥群众的力量独立开展环境保护业务，有礼有节地推进企业的绿色生产行为，能够与政府部门和其他环境非政府组织合作进行环境治理。环境非政府组织在环境治理过程中起到了应有的作用。

三、环境非政府组织环境治理效应的主要机制

根据理论模型的研究结论，以及环境非政府组织参与环境治理的理论分析和中国几个环境非政府组织的案例分析，可以发现环境非政府组织是通过环境运动、环境教育、环境公益诉讼等途径，在环境治理过程中实现环境污染减排效应、产业转移效应和环境全要素生产率提升效应。但是环境非政府组织是直接还是间接实现这三大效应的？如果是间接效应，那中间的影响机制是什么？本部分就环境非政府组织环境治理效应的影响机制进行理论分析。

（一）环境治理的直接机制

直接环境治理机制是指环境非政府组织不通过中间因素，直接产生环境治理效果。环境非政府组织对环境质量的直接影响，一方面体现在环境污染

水平的下降；另一方面体现在环境质量的提高。具体来说，随着环境非政府组织的发展和壮大，其业务活动会让企业减少污染排放量，从而实现直接减排效应，具体体现在工业废水排放量、工业废气排放量和工业烟尘排放量等代表污染排放物指标的下降，以及空气污染物中 $PM_{2.5}$、PM_{10}、O_3、CO_2、CO 等污染气体指标的下降；同时，随着环境非政府组织的发展和壮大，整个社会的环境污染水平得到改善，环境质量得到提高，具体体现在工业烟尘处理率、工业二氧化硫去除率、废水达标率等代表环境质量的指标提高（见图 3－1）。

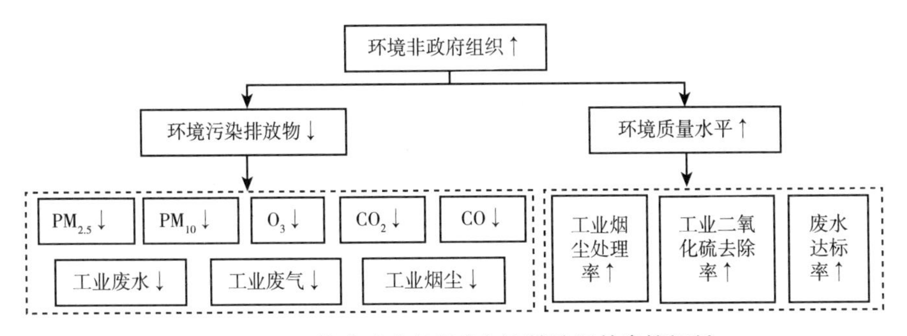

图 3－1　环境非政府组织参与环境治理的直接机制

（二）环境治理的间接机制

间接环境治理机制是指环境非政府组织通过中间的某一种因素，最终使得环境质量得以提高。环境质量改善主要来源于两个方面：一是通过提高环境治理投资，改善环境质量；另一方面是通过减少污染排放物，提高环境质量。减少污染排放物是环境非政府组织参与环境治理的直接机制，而通过提高环境治理投资来改善环境质量则是环境非政府组织参与环境治理的间接机制。具体来说，随着环境非政府组织的发展和壮大，促进企业和政府加大环境治理投资，主要体现在“环境污染治理投资总额”“城市环境基础设施建设投资”“工业污染源治理投资”“建设项目‘三同时’环保投资”“环境污染治理投资总额占 GDP 比重”等指标的提高，通过环境治理投资的增加，改善环境质量（见图 3－2）。

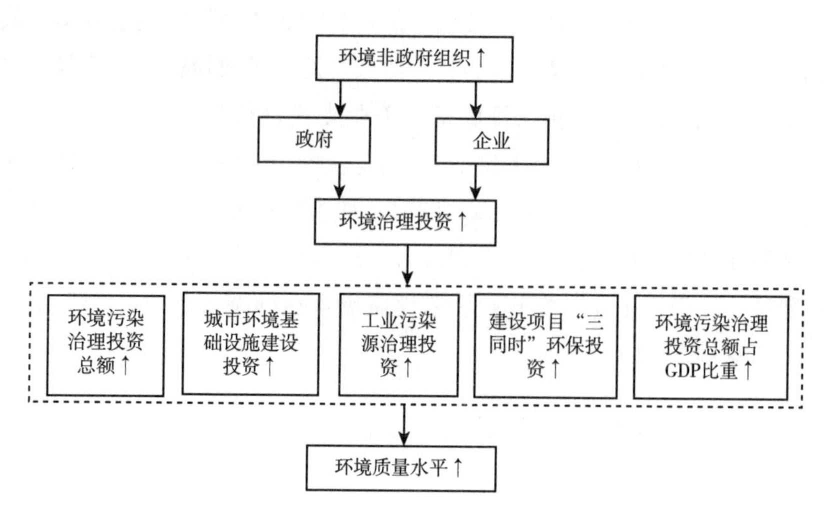

图3－2　环境非政府组织参与环境治理的间接机制

（三）环境治理的延伸机制

环境非政府组织通过对环境质量的改善，可以对人类社会的其他行为产生影响，这种影响过程称为环境非政府组织参与环境治理的延伸机制。本书研究的核心问题是环境非政府组织的环境治理效应，主要有直接和间接两种机制，但是除了上述两种机制外，环境质量改善后，会对人类的其他行为产生深远的影响。本书重点考察环境非政府组织如何影响人类的预期寿命和人口出生率。随着环境非政府组织的发展和壮大，改善了环境质量；环境质量改善后，人们生活在更为清洁的环境中，其预期寿命会相应地提高。同理，随着环境非政府组织的发展和壮大，环境质量得以改善，人们认为可以让后代生活在一个更为清洁的环境中，于是提高生育志愿，从而提高出生率（见图3－3）。

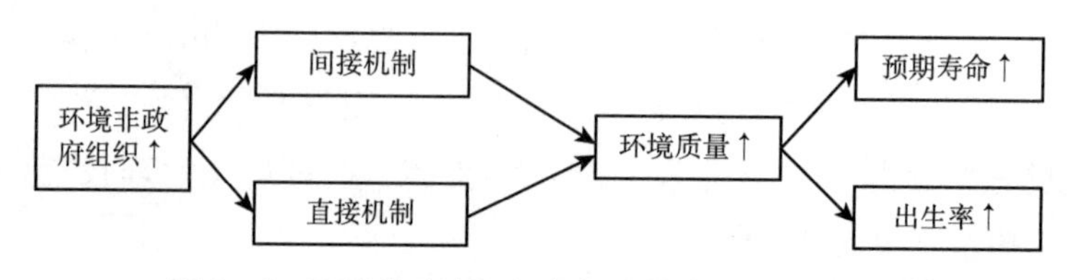

图3－3　环境非政府组织参与环境治理的延伸机制

第三节　小　　结

本章在理论模型研究的基础上，对环境参与环境治理的理论机制进行分析，提出环境非政府组织参与环境治理的主要机制，具体结论如下：

第一，在内生经济增长模型的基础上，将环境非政府组织的从业人员数或者环境非政府组织的机构规模作为一个人力资本因素，引入总人力资本函数；将环境作为一个独立的部门和投入要素；在效用函数中考虑了对环境的消费和环境意识变量。通过综合上述条件，构建最优化模型并求解，分别得到环境非政府组织参与环境治理的减排效应、产业转移效应和环境全要素生产率提升效应。

第二，通过对公众参与环境治理的主要途径以及环境非政府组织参与环境治理的主要途径的理论分析，得到环境非政府组织主要通过环境运动、环境教育、环境公益诉讼等途径影响环境质量。

第三，从直接、间接和延伸三个方面分析了环境非政府组织参与环境治理的机制。本书将环境非政府组织对环境污染的减排效应和环境质量的改善定义为环境非政府组织参与环境治理的直接机制；将环境非政府组织影响环境投资，进而影响环境污染的减排效应和环境质量的改善称为环境非政府组织参与环境治理的间接机制；将环境非政府组织参与环境治理的减排效应和环境质量的改善，进而影响人们的预期寿命和生育意愿定义为环境非政府组织参与环境治理的延伸机制，并对三个机制进行了详细阐述。

第四章

环境非政府组织的减排效应：基于 OECD 国家的经验研究

第一节　引　　言

英国作为第一个工业化国家，受环境污染的影响是最为严重的，与环境污染相生相伴的环境非政府组织也是发展最为成熟的。李峰（2003）认为英国的环境非政府组织经历了以精英主义、大众主义和策略主义为特征的三个阶段，可以在弥补国家和市场失效时充当“第三方管理者”的角色。经过100余年的发展，英国已建立起队伍宏大、会员众多的环境非政府组织群体。据统计，目前英国注册的环境非政府组织达到200家。

在美国，环境非政府组织是处于各级政府部门和科研部门之外规模庞大的环保力量。它们是环境保护运动的主体，会针对具体的环境问题向法院起诉，向议会呼吁、游说，最终通过立法，实现对污染和生态破坏的治理、补偿、监督和控制。世界野生动物基金会（WWF）作为美国最大的环境非政府组织，在美国有120万名会员，在包括中国在内的全球几十个国家设有分部。除了大型的环境非政府组织，在美国还有许许多多的小型环境非政府组织，例如成立于1987年的太平洋环境与资源中心。

在20世纪五六十年代，德国急于从战后的落后面貌中走出来，走了一条“先污染后治理”的发展路线，导致环境污染日益严峻，莱茵河成了工业废水的收纳河，鲁尔工业区看不见蓝天。但是，今天德国的生态环境得到非常大的改善，环境非政府组织功不可没。德国有大大小小的环境非政府组织上千个，从业人员超 200 万人。其中规模最大的是“自然保护联盟”，拥有 100 余年的历史和约 40 万名会员。

韩国也曾因为快速工业化而导致严重的污染问题，从而催生了一批具有社会责任担当的环境非政府组织，其中“环境运动联盟”是韩国最大的环境非政府组织，拥有在 47 个地区设立的分支机构和 85000 名会员。在“环境运动联盟”的带动下，韩国的环境非政府组织规模不断壮大，在 1988 ~ 1992 年的环境斗争中发挥了举足轻重的作用，主要参与了抗议新核电站兴建的环境运动。

发达国家经历了工业化前期、工业化时期和后工业化的发展阶段，环境治理方面也经历了“先污染后治理”“边污染边治理”和“少污染重治理”的阶段。在这个过程中，环境非政府组织不断壮大。环境非政府组织在一个国家的多寡，可以对这个国家的环境治理产生深远的影响。从英国、美国、德国和韩国的环境非政府组织发展可以看出，环境非政府组织与环境污染相生相伴，那么环境非政府组织是否具有环境污染的减排效应呢？OECD 的前身为 1948 年西欧十多个国家成立的欧洲经济合作组织，加拿大、美国于 1960 年加入，并逐步演变为亚太经济合作与发展组织。随着 OECD 的影响力不断扩大，成员国不断增加。2010 年，智利、爱沙尼亚、以色列和斯洛文尼亚加入，成员国总数达到 34 个；2016 年，拉脱维亚成为第 35 个成员国。本部分将以 OECD 国家为例，考察环境非政府组织的发展程度对 OECD 国家环境质量的影响，从而识别出环境非政府组织的减排效应，进而在 OECD 国家中验证假说 1 是否成立。

第二节　实证策略

一、计量模型

根据假说 1，构建以下计量模型，用于考察环境非政府组织对环境污染排放的影响：

$$Pollutant_{it} = \alpha_0 + \beta \times engo_{it} + Z \times \lambda + \mu_i + \upsilon_t + \xi_{it} \tag{4-1}$$

其中，i 代表国家，t 代表时间；*Pollutant* 为被解释变量，代表环境污染物的排放量；*engo* 为本书的核心解释变量，代表环境非政府组织的衡量指标；Z 为除了核心解释变量之外影响 *Pollutant* 的控制变量矩阵，λ 为控制变量的系数矩阵。μ 和 v 分别表示受地区和时间影响的不可观察的因素，ξ 为随机扰动项。β 为本书关心的系数，如果 β 小于零，则表示环境非政府组织具有环境污染的减排效应，假说 1 得以验证。

二、核心解释变量

（一）OECD 环境非政府组织的研究数据

从现有研究来看，对于一个国家拥有的非政府组织数据相对比较缺乏，虽然有 Non-Governmental Organizations 的年鉴，但只有零星几年，对于实证研究相对还是不足的，而且该年鉴对环境非政府组织的统计较少。本书的环境非政府组织数据，主要通过以下几个步骤完成：

第一步，通过《联合国与非政府组织：一个快速指南》（UN and Non-Governmental Organizations：A Quick Guide，https：//research. un. org/en/ngo）网站进行检索。该网站是联合国处理非政府组织事务的官方网站，也是对非政府组织进行登记和统计较为权威的网站。通过该网站，可以了解到非政府组织的最新新闻、非政府组织委员会的相关报告和信息、非政府组织与联合国之间的一些合作项目和非政府组织的相关信息。在非政府组织的相关信息中，有一个在联合国登记的非政府组织名录数据库。

第二步，查找非政府组织名录数据库（NGOs and Sustainable Development，http：//esango. un. org/civilsociety/login. do）中与环境有关的非政府组织名录。在该数据库中，提供了按地区（大区域）、地位、活动领域和组织类型等四种查找方式，选择按活动领域中的“可持续发展”（Sustainable Development）进行查找，进入环境非政府组织的名录主页（http：//esango. un. org/civilsociety/withOutLogin. do？ method = getFieldsOfActivityCode&orgByFieldOfActivityCode = 8&orgByFieldOfActivityName = Sustainable% 20Development &sessionCheck = false&ngoFlag = ）。

第三步，在可持续发展名录页查找环境非政府组织的名录。通过查找，获得符合要求的非政府组织 16683 家，将这些组织定义为环境非政府组织

（*engo*）。每家组织均提供了组织名称、注册地址、注册时间、联系方式、主要活动领域、活动区域和国家等信息。通过整理获得每个国家每年拥有的环境非政府组织数量，将这个数据与 OECD 国家进行匹配，最终获得每个 OECD 国家的环境非政府组织数据库。

（二）环境非政府组织的度量指标

由于环境非政府组织的名录里可以查找到环境非政府组织成立的时间，因此可以按照年份和国别构建 OECD 国家拥有的环境非政府组织个数的面板数据库。考虑到环境非政府组织在国家之间的可比性，根据每个国家面积、人口数量，构建下面两个环境非政府组织的强度指标：

$$engo\_pop_{it} = \frac{engo_{it}}{pop_{it}} \tag{4-2}$$

$$engo\_sq_{it} = \frac{engo_{it}}{sq_{it}} \tag{4-3}$$

（4-2）式和（4-3）式中，$engo\_pop$ 和 $engo\_sq$ 分别表示基于人口和面积的环境非政府组织强度，pop_{it} 和 sq_{it} 分别表示 i 国 t 年的总人口和总面积，两者的单位分别采用百万人口和万平方千米。上述两个指标的经济含义分别表示百万人口中拥有的环境非政府组织个数和万平方千米土地上拥有的环境非政府组织个数。通过计算，以英国为例，截至 2015 年，在联合国注册的全国性环境非政府组织已达到 41 家，百万人拥有的环境非政府组织达到 0.6 家，每 1 万平方千米的国土面积上就有 1.68 家，相当于每 170 万人就有一家环境非政府组织，或者说每 6000 平方千米就有一家环境非政府组织。OECD 国家历年的人口和面积数据均来自 OECD 统计信息网（https://stats.oecd.org/）。

从国家的百万人拥有环境非政府组织个数的空间分布可以看出，智利和冰岛由于人口较少，百万人拥有环境非政府组织的数量非常高；其次是北欧一些国家，百万人拥有环境非政府组织的数量较高；美国、加拿大、墨西哥、日本和韩国等，人口基数大，百万人拥有环境非政府组织的数量相对少一些。但是，从 OECD 国家整体来看，环境非政府组织都较为发达，在环境保护过程中起着非常重要的作用。

三、被解释变量

衡量环境治理效果的指标很多，根据 OECD 统计数据库（https：//stats. oecd. org/）提供的数据，代表环境质量的指标主要是空气污染指标，其他污染指标统计并不完善。所以本章主要采用以下空气污染指标作为被解释变量：

雾霾污染指数：采用 $PM_{2.5}$平均浓度值（$PM_{2.5}$）。在 OECD 统计数据库中，统计了 $PM_{2.5}$的平均浓度值。OECD 国家的 $PM_{2.5}$的平均最大浓度值为 30. 6μg/m^3，平均最小浓度值为 13. 6μg/m^3。从整体看，OECD 国家空气质量较好，但是地区之间依然存在较大的差异。

空气污染强度：采用暴露于 $PM_{2.5}$浓度在 10μg/m^{3}以上的人口比重（$PM_{2.5}\_pop$）。在 OECD 统计数据库中，已经通过数据处理，统计了暴露于 $PM_{2.5}$浓度在 10μg/m^{3}以上的人口比重。

此外，还采用其他污染物排放量作为被解释变量：二氧化碳排放量（千吨）的自然对数（lnCO_2）、温室气体排放量（百万吨）的自然对数（ln*greengas*）、氧化氮排放量（千吨）的自然对数（ln*NO*）、二氧化氮排放量（千吨）的自然对数（lnNO_2）。以上数据均来自 OECD 统计信息网（https：//stats. oecd. org/）。

下面以 $PM_{2.5}$为例，分析 OECD 国家 2000 ~ 2015 年的空气污染变化趋势。2000 年，在 OECD 的 34 个国家中，墨西哥、韩国及大部分欧洲部分国家的雾霾污染平均浓度高于 20μg/m^3；智利、日本和小部分欧洲国家的雾霾污染平均浓度介于 15 ~ 20μg/m^3；美国、加拿大、澳大利亚和北欧一些国家的雾霾污染平均浓度低于 15μg/m^3，空气质量非常好。

与 2000 年相比，2005 年大部分的 OECD 国家雾霾污染浓度呈现下降趋势，其中墨西哥、瑞典、智利的雾霾污染平均浓度下降超过 2μg/m^3；意大利、美国、希腊、以色列、挪威、德国、韩国、比利时的雾霾污染平均浓度下降超过 1μg/m^3；其他还有 12 个国家的雾霾污染平均浓度下降在 1μg/m^{3}以内。但是，仍然还有 10 个国家的雾霾污染平均浓度在增加，其中匈牙利上升了 3. 5μg/m^3，斯洛伐克上升了 2. 8μg/m^3；捷克、葡萄牙、奥地利、波兰、爱沙尼亚的雾霾污染平均浓度上升了 1 ~ 2μg/m^3；另外，芬兰、斯洛文尼亚和加拿大的雾霾污染有轻微恶化。

与前五年相比，2010 年在 2005 年雾霾污染浓度的基础上，墨西哥、美国和韩国的雾霾污染进一步下降，分别下降了 3.7μg/m^3、2.9μg/m^3、2.1μg/m^3；斯洛文尼亚、奥地利、加拿大、葡萄牙和匈牙利五个国家的雾霾污染从前五年的恶化趋势转变为改善趋势，分别下降了 2.3μg/m^3、2.1μg/m^3、2.0μg/m^3、2.0μg/m^3、0.9μg/m^3。但是，冰岛、瑞典、卢森堡、荷兰、比利时、德国、以色列、希腊、土耳其等 9 个国家的雾霾污染趋于恶化，雾霾质量改善的国家从原来的 24 个下降到 20 个；以色列、波兰、希腊和土耳其四个国家的雾霾污染恶化最为严重，分别上升了 3.0μg/m^3、3.7μg/m^3、5.1μg/m^3、7.4μg/m^3。

与 2010 年相比，2015 年 34 个 OECD 国家雾霾污染水平得到改善的国家下降到 17 个，只占到一半，其中美国、新西兰、西班牙、葡萄牙、智利、澳大利亚六个国家只是有比较轻微的恶化（上升不到 1μg/m^3）；韩国的雾霾污染恶化最为严重，达到 5.3μg/m^3；奥地利、瑞士、斯洛文尼亚、意大利、墨西哥等国家雾霾污染恶化水平在 2μg/m^3 以上；波兰、土耳其、荷兰从雾霾污染恶化转为雾霾污染改善最多的国家，分别下降了 7.4μg/m^3、3.2μg/m^3、3.1μg/m^3。

整体来看，34 个 OECD 国家的空气污染水平呈现向好趋势，但部分地区还存在波动现象。这与某些年份经济发展水平、产业结构变化，以及其他因素的影响有关。

四、控制变量

借鉴科门等（Komen et al.，1997）、哈里斯等（Harris et al.，2002）、弗隆德和霍尔巴赫（Frondel and Horbach，2007）、吴等（Woo et al.，2015）的研究，并结合数据的可得性和可比性，主要选择以下变量作为控制变量：

制造业的结构：采用制造业增加值占 GDP 的比重衡量（*Second*）。该变量主要考察环境污染受制造业产业的影响程度，制造业的占比越高，制造业就越可能会导致环境质量的恶化，对各个环境污染变量的影响系数预期为正。

制造业的增长率：采用实际增长率衡量（*Secondr*）。该变量用于考察制造业相对发展速度，可以判断制造业相对于基期的增长速度，从而判断目前的制造业发展是否有加快或者减速的情况，制造业的加快发展势必会导致环境污染恶化，预期其符号为正。

建筑业的结构：采用建筑业增加值占 GDP 的比重衡量（*Build*）。该变量主要考察环境污染受建筑业的影响程度，建筑业的占比越高，建筑过程中的扬尘和建筑垃圾将会增加，对环境质量具有恶化效应，对各个环境污染变量的影响系数预期为正。

建筑业的增长率：采用建筑业实际增长率衡量（*Buildr*）。该变量用于考察建筑业相对发展速度，从而判断建筑业增长是否会导致环境污染恶化，预期其符号为正。

电力消费量：采用电力发电量来衡量（*Ele*）。由于电的生产与消费的即时性，如果不考虑国家电量的出口和进口，电力发电量就是电力消费量。此指标主要用来考虑发电过程造成的环境污染程度。由于缺少是否采用清洁能量的比重，此变量对环境污染的影响程度不确定。

环境投资：采用环保支出占总支出的比重来衡量（*Env_I*）。在政府的公共支出中，是否拥有环境保护投资，以及环境保护投资的比重，对于一个国家环境质量改善具有决定性作用。一个国家用于环境保护投资的比重越大，说明对环境治理越重视，从而会使得这个国家的环境质量得到更好的改善。因此，预期该变量的系数为正。此外，本书在分析过程中，分别引入人口出生率（*Poprate*）和总预期寿命（*Lifeexp*）作为代表人们受环境质量改善后的健康表现，主要用于机制分析。

在伍等（Woo et al.，2015）的研究中，还控制了 FDI、技术进步等变量，但在本书的时间段内，FDI 和技术进步的指标不完善，在本书中未考虑这些因素。以上数据均来自 OECD 统计信息网（https：//stats. oecd. org/）。由于 OECD 统计信息网上 2000 年的数据较为完整，而立陶宛加入 OECD 的时间较晚，本书暂不考虑立陶宛。2015 年以后的很多变量在 OECD 统计信息网站上也不完善。因此，本部分的研究时间为 2000 ~ 2014 年，研究区域为 34 个 OECD 国家。表 4 – 1 是主要变量的描述性统计。

表 4 – 1　　主要变量的描述性统计

变量	变量说明	样本数	平均值	标准误	最小值	最大值
被解释变量						
$PM_{2.5}$	$PM_{2.5}$ 平均浓度（$\mu g/m^3$）	510	13.638	5.601	3	30.600

续表

变量	变量说明	样本数	平均值	标准误	最小值	最大值
$PM_{2.5}\_pop$	暴露于 $PM_{2.5}$ 在 10μg/m^3 以上的人口比重（%）	510	68.854	38.893	0	100
$\ln CO_2$	二氧化碳排放量（千吨）	510	3.681	1.534	0.642	8.649
ln*greengas*	温室气体排放量（百万吨）	510	11.910	1.493	8.252	15.803
$\ln NO$	氧化氮排放量（千吨）	510	5.862	1.427	3.119	9.982
$\ln NO_2$	二氧化氮排放量（千吨）	510	5.134	1.855	0.233	9.600
核心解释变量						
engo_pop	百万人拥有的环境非政府组织数量（环境非政府组织/总人数）	510	1.314	3.297	0.003	20.628
engo_sq	万平方千米的环境非政府组织数量（环境非政府组织/国土面积）	510	1.505	5.854	0.001	33.803
控制变量						
Secondr	制造业实际增长率（%）	510	2.066	5.755	-20.887	19.424
Second	制造业增加值与 GDP 之比（%）	510	22.167	5.847	6.787	39.483
Ele	电力消费量（10^{16}瓦）	510	30.846	71.818	0.042	440.000
Env_I	环保支出与总支出之比（%）	510	0.971	0.896	-1.840	5.334
Buildr	建筑业实际增长率（%）	510	1.208	8.340	-41.005	51.133
Build	建筑业增加值与 GDP 之比（%）	510	6.178	1.554	1.652	11.702
机制分析变量						
Poprate	人口出生率（%）	510	0.655	0.692	-1.794	3.028
Lifeexp	预期寿命（岁）	510	78.984	2.722	70.900	83.700

资料来源：通过手工收集以及查阅 OECD 统计信息网的相关数据整理得到。

第三节　实证结果讨论

一、环境非政府组织的 $PM_{2.5}$ 减排效应

表 4-2 汇报了环境非政府组织对 $PM_{2.5}$ 的估计结果。第（1）列和第

（2）列表示在控制了地区固定效应下，分别不控制时间固定效应和控制时间固定效应时，只考虑环境非政府组织对 $PM_{2.5}$ 的影响。结果显示，拟合优度的数值从 0.028 升高到 0.059，说明控制了时间固定效应后，模型的解释能力得到显著增强，但是两个模型中，环境非政府组织的系数变化并不大，均在 1% 的水平下显著为负，且数值分别为 -0.287 和 -0.291，几乎没有什么变化，说明环境非政府组织对 $PM_{2.5}$ 的影响并不受地区和时间固定效应的影响，这种影响相对比较稳定。可以看出，一个国家的环境非政府组织发展程度会对一个地区的 $PM_{2.5}$ 平均浓度值产生显著的负向影响，即具有减轻环境污染的效果，其效应为，当百万人拥有的环境非政府组织每提高一个单位，该地区的 $PM_{2.5}$ 平均浓度值将下降 0.29 左右，假说 1 得以验证。

第（3）列和第（4）列在控制了地区固定效应和各个主要控制变量后，分别不控制时间固定效应和控制时间固定效应时，考虑环境非政府组织对 $PM_{2.5}$ 的影响。环境非政府组织的系数均在 5% 水平下显著为负，系数分别为 -0.162 和 -0.176，说明在控制时间固定效应后，系数并不存在显著变化，但相对于第（1）列和第（2）列的系数有一定的变化，说明环境非政府组织可能通过影响其他控制变量进而影响 $PM_{2.5}$。在控制变量中，制造业的增长率和制造业在 GDP 中的占比两个变量均显著为正，说明制造业的发展的确显著恶化了该国的 $PM_{2.5}$ 平均浓度值。但是，建筑业的增长率和占比对 $PM_{2.5}$ 并不构成显著的影响，其原因可以归于以下两个方面：第一，在 OECD 国家，建筑业所占比重远低于制造业所占比重；第二，在 OECD 国家，建筑业已得到了相对充分的发展，而且建筑业的标准比较完善，建筑过程所产生的扬尘、建筑垃圾等污染物得到较好控制，从而对 $PM_{2.5}$ 的影响不显著。电力的消费（生产量）对 $PM_{2.5}$ 并无显著影响，但是环境投资占公共支出的比重越高，越可以显著降低一个国家的 $PM_{2.5}$ 平均浓度，说明环境投资具有显著的减排效应。总体来说，环境非政府组织对 $PM_{2.5}$ 具有显著的负向影响，这种影响并不受时间和地区固定效应的影响，但可能与其他控制变量之间存在交互关系，从而会减弱环境非政府组织的环境治理效应。

环境非政府组织的 $PM_{2.5}$ 治理效应还体现在环境非政府组织对暴露在 $PM_{2.5}$ 平均浓度值在 $10\mu g/m^3$ 以上的人口占比的影响。具体估计结果如表 4-2

第（5）列和第（6）列所示。从结果来看，环境非政府组织对 $PM_{2.5}\_pop$ 的系数显著为负（1%），数据为 -1.955 和 -2.967，说明在控制其他影响因素后，环境非政府组织每增加一个单位，暴露在 $PM_{2.5}$ 平均浓度值在 10μg/m^3 以上的人口占比将下降 2～3 个百分点。其他控制变量中，制造业增长率和建筑业增长率对 $PM_{2.5}\_pop$ 没有显著影响；但是制造业和建筑业所占 GDP 的比重对 $PM_{2.5}\_pop$ 具有显著的正向作用；电力发电量对 $PM_{2.5}\_pop$ 的影响显著为负；环境投资占公共支出的比重对 $PM_{2.5}\_pop$ 没有显著的影响，其原因在于，暴露在 $PM_{2.5}$ 平均浓度值在 10μg/m^3 以上的人口占比受一个国家的人口密度以及经济发展水平的影响，一些国家全部居民均生活在 $PM_{2.5}$ 平均浓度值低于 10μg/m^3 的环境中，而一些国家全部居民均生活在 $PM_{2.5}$ 平均浓度值高于 10μg/m^3 的环境中，但这两个国家的平均 $PM_{2.5}$ 浓度值可能相同。

表 4-2　　环境非政府组织的 $PM_{2.5}$ 减排效应

解释变量	被解释变量：$PM_{2.5}$			被解释变量：$PM_{2.5}\_pop$		
	(1)	(2)	(3)	(4)	(5)	(6)
engo_pop	-0.287*** (0.063)	-0.291*** (0.062)	-0.162** (0.079)	-0.176** (0.080)	-1.955*** (0.588)	-2.967*** (0.740)
Secondr			0.103** (0.052)			-0.108 (0.082)
Second			0.196*** (0.059)			0.742** (0.323)
Ele			-0.002 (0.002)			-0.466*** (0.126)
Env_I			-0.629** (0.244)			1.583 (2.022)
Buildr			-0.031 (0.035)			-0.063 (0.053)
Build			0.072 (0.167)			0.801* (0.455)
常数项	13.015*** (0.259)	13.769*** (0.942)	9.550*** (1.577)	9.884*** (1.917)	-13.819* (8.138)	-1.891 (8.712)

续表

解释变量	被解释变量：$PM_{2.5}$			被解释变量：$PM_{2.5}\_pop$		
	(1)	(2)	(3)	(4)	(5)	(6)
N	510	510	510	510	510	510
年份固定效应	N	Y	Y	N	Y	Y
地区固定效应	Y	N	Y	Y	N	Y
R^2	0.028	0.059	0.094	0.121	0.947	0.952
F	20.859 [0.000]	2.615 [0.000]	6.468 [0.000]	2.731 [0.000]	2459.536 [0.000]	746.015 [0.000]

注：括号内的数值为稳健型标准误；中括号内是 P 值；*、**、*** 分别表示 10%、5%、1% 的显著性水平。

二、环境非政府组织的温室气体减排效应

温室气体是水蒸气、CO_2、CH_4、若干氮氧化物和卤代烃的总称（朱松丽等，2018），其中占绝对分量的是二氧化碳。环境非政府组织的环境治理减排效应中，针对温室气体的减排效应尤为重要。随着全国对可持续发展的重视，对温室气体排放的关注日益增加。因此，有必要专门针对环境非政府组织的温室气体减排效应进行考察。表 4-3 汇报了环境非政府组织对总温室气体的减排效应和二氧化碳的减排效应，四个模型均控制了时间和国家固定效应；四个模型的 F 值均较大，说明四个模型均通过显著性检验；四个模型的 R^2 均大于0.6，说明四个模型的解释能力较强。第（1）列和第（2）列是在不控制时间固定效应和控制时间固定效应情况下的估计结果，结果显示，环境非政府组织对温室气体具有高度显著的负向影响，系数为 -0.214和 -0.217，说明当环境非政府组织提高一个单位时，温室气体将下降21%左右。第（3）列和第（4）列汇报了环境非政府组织的 CO_2减排效应。结果发现，环境非政府组织对 $\ln CO_2$的系数高度显著为负，系数分别为 -0.209 和 -0.212，说明当环境非政府组织提高一个单位时，温室气体将下降21%左右。系数与总温室气体的估计系数相差不大，说明四个模型估计的结果比较稳健，结果可信度较高，假说 1 得以验证。

表 4-3　　　　环境非政府组织的温室气体减排效应

解释变量	被解释变量：ln*greengas*		被解释变量：lnCO_2	
	(1)	(2)	(3)	(4)
engo_pop	-0.214*** (0.019)	-0.217*** (0.019)	-0.209*** (0.021)	-0.212*** (0.021)
Secondr	-0.009 (0.008)	-0.017 (0.010)	-0.008 (0.008)	-0.016 (0.011)
Second	-0.014** (0.006)	-0.016** (0.006)	-0.011 (0.007)	-0.013* (0.007)
Ele	0.012*** (0.001)	0.012*** (0.001)	0.012*** (0.001)	0.012*** (0.001)
Env_I	0.147*** (0.033)	0.175*** (0.030)	0.150*** (0.033)	0.176*** (0.030)
Buildr	0.003 (0.006)	0.001 (0.006)	0.003 (0.007)	0.000 (0.007)
Build	0.041 (0.033)	0.039 (0.033)	0.044 (0.035)	0.042 (0.035)
常数项	11.746*** (0.232)	11.992*** (0.285)	3.412*** (0.253)	3.632*** (0.303)
N	510	510	510	510
年份固定效应	N	Y	N	Y
地区固定效应	Y	Y	Y	Y
R^2	0.626	0.631	0.604	0.608
F	81.324 [0.000]	30.500 [0.000]	73.066 [0.000]	27.665 [0.000]

注：括号内的数值为稳健型标准误；中括号内是 *P* 值；*、**、*** 分别表示 10%、5%、1% 的显著性水平。

控制变量中，制造业占 GDP 的比重对温室气体和二氧化碳具有显著的负向影响，说明 OECD 国家的制造业已经趋于高端化，制造业并不产生太多的温室气体；制造业的增长率、建筑业的比重和增长率对温室气体不具有显著影响；电力生产和环保投资占比对温室气体具有显著的正向影响，可能的原因是，发电过程还存在用煤的现象，从而产生大量的温室气体，环保投资可能并非是用于治理温室气体，而是用于治理其他直接威胁到人类生命健康的污染物，从而挤占了用于温室气体的治理投资，使得温室气体不降反升。

三、环境非政府组织的氮氧化物减排效应

氮氧化物包括具有不同毒性的多种化合物，如一氧化二氮（N_2O）、一氧化氮（NO）、二氧化氮（NO_2）、三氧化二氮（N_2O_3）、四氧化二氮（N_2O_4）和五氧化二氮（N_2O_5）等。但是在空气中，多数氮氧化物极不稳定，遇光、湿或热等后会变成 NO 及 NO_2。所以针对氮氧化物的减排效应主要考察对 NO 及 NO_2的减排效应。

表4－4汇报了环境非政府组织的氮氧化物减排效应估计结果。从第（1）列和第（2）列的估计结果来看，不管是否控制时间固定效应，环境非政府组织对 ln*NO* 均具有高度显著的负向影响。环境非政府组织的系数为－0.179和－0.186，当环境非政府组织提高一个单位时，一氧化氮将下降18%～19%。在第（3）列和第（4）列中，环境非政府组织的估计系数也是高度显著为负，系数为－0.262和－0.275，同样说明当环境非政府组织提高一个单位时，一氧化氮将下降26%～28%。控制变量中，制造业的系数显著为负，说明制造业处于高级化的阶段（OECD 国家大多已处于制造业高级化阶段），制造业的提高，反而可以减少氮氧化物的排放量。但是发电量与氮氧化物排放量具有显著的正向关系。除此之外，环境投资占比越高，氮氧化物排放量也越高；建筑业越高，氮氧化物排放量越高，其原因可能是建筑业所采用的一些原材料都属于重工业产品，这些产品的生产会产生大量的氮氧化物。

表4－4　　　环境非政府组织的氮氧化物减排效应

解释变量	被解释变量：ln*NO*		被解释变量：$\ln NO_2$	
	（1）	（2）	（3）	（4）
engo_pop	－0.179*** （0.016）	－0.186*** （0.016）	－0.262*** （0.014）	－0.275*** （0.012）
Secondr	－0.013* （0.008）	－0.026*** （0.009）	0.018* （0.010）	0.016 （0.011）

续表

解释变量	被解释变量：ln*NO*		被解释变量：$\ln NO_2$	
	(1)	(2)	(3)	(4)
Second	-0.016*** (0.006)	-0.021*** (0.006)	-0.016* (0.008)	-0.028*** (0.008)
Ele	0.012*** (0.001)	0.012*** (0.001)	0.013*** (0.001)	0.012*** (0.001)
Env_I	0.129*** (0.042)	0.187*** (0.034)	0.270*** (0.047)	0.390*** (0.038)
Buildr	0.004 (0.006)	-0.001 (0.006)	0.003 (0.007)	-0.002 (0.007)
Build	0.123*** (0.033)	0.117*** (0.033)	0.339*** (0.038)	0.324*** (0.038)
常数项	5.231*** (0.237)	5.742*** (0.287)	3.038*** (0.329)	3.926*** (0.391)
N	510	510	510	510
年份固定效应	N	Y	N	Y
地区固定效应	Y	Y	Y	Y
R^2	0.601	0.622	0.570	0.608
F	87.600 [0.000]	37.436 [0.000]	165.420 [0.000]	83.708 [0.000]

注：括号内的数值为稳健型标准误；中括号内是 *P* 值；*、**、*** 分别表示 10%、5%、1% 的显著性水平。

第四节　稳健性检验

一、环境非政府组织的 $PM_{2.5}$ 减排效应

采用百万人拥有的环境非政府组织数量作为核心解释变量，如果一个国家的人口较少，拥有一家环境非政府组织，与一个大国拥有一家环境非政府组织相比，其影响效应是不一样的。下面采用万平方千米拥有的环境非政府组织个数作为替代变量。

表4－5的第（1）列和第（2）列汇报了单位面积的环境非政府组织个数对$PM_{2.5}$的影响。结果显示，环境非政府组织的系数显著为负，说明更换核心解释变量后，估计结果依然显著，但系数相对小一些，这与环境非政府组织的度量单位有一定关系。当万平方千米的环境非政府组织增加一个时，$PM_{2.5}$平均浓度值将下降1.3μg/m³。OECD国家$PM_{2.5}$平均浓度值只有5.601μg/m³，下降1.3μg/m³，对环境改善20%。第（3）列和第（4）列汇报了单位面积的环境非政府组织个数对暴露在$PM_{2.5}$高于10μg/m³以上人口比重的影响，发现系数显著为负，分别为－1.404和－1.104，说明当万平方千米的环境非政府组织增加一个时，暴露在$PM_{2.5}$高于10μg/m³以上的人口比重将下降1.1%～1.4%。

控制变量中，制造业比重、建筑业比重对$PM_{2.5}$具有正向影响，而发电量和环保投资对$PM_{2.5}$具有一定的负向影响，但是对暴露在$PM_{2.5}$高于10μg/m³以上的人口比重并不具有显著的影响。

表4－5　环境非政府组织的$PM_{2.5}$治理效应

解释变量	被解释变量：$PM_{2.5}$		被解释变量：$PM_{2.5}\_pop$	
	（1）	（2）	（3）	（4）
engo_sq	－2.03*** （0.399）	－1.303*** （0.335）	－1.404*** （0.211）	－1.104*** （0.222）
N	510	510	510	510
年份固定效应	N	Y	N	Y
地区固定效应	Y	Y	Y	Y
控制变量	Y	Y	Y	Y
R^2	0.096	0.120	0.056	0.063
F	5.630 [0.000]	2.402 [0.000]	26.594 [0.000]	8.374 [0.000]

注：括号内的数值为稳健型标准误；中括号内是*P*值；*、**、***分别表示10%、5%、1%的显著性水平。

二、环境非政府组织的其他污染物减排效应

表4－6汇报了环境非政府组织的温室气体减排效应和氮氧化物的减排效应。第（1）列为控制了时间固定效应和地区固定效应后，环境非政府组

织对二氧化碳减排效应的估计结果，*engo_sq* 的系数为 -0.066，通过 1% 水平下的显著性检验。在第（2）列中，*engo_sq* 的系数为 -0.075，也通过了 1% 水平下的显著性检验。整体来看，不管是对总的温室气体还是二氧化碳这种单项温室气体，*engo_sq* 的影响均高度显著为负，由于 *engo_sq* 的度量与 *engo_pop* 的度量差异，导致系数有一定的差异，但是表 4-6 的两个估计结果差异并不大，说明估计结果是非常稳健的。第（3）列考察 *engo_sq* 对一氧化氮的影响，结果系数高度显著为负。第（4）列 *engo_sq* 对二氧化氮的系数也高度显著为负。两个系数的差异与基准表 4-4 的两个系数差异基本一致，说明对氮氧化物排放量的估计结果也是稳健的。各控制变量的估计结果与前文的结果基本一致。

表 4-6　　环境非政府组织的其他污染物减排效应

解释变量	被解释变量：$\ln CO_2$	被解释变量：lngreengas	被解释变量：$\ln NO$	被解释变量：$\ln NO_2$
	(1)	(2)	(3)	(4)
engo_sq	-0.066*** (0.005)	-0.075*** (0.005)	-0.069*** (0.005)	-0.140*** (0.005)
N	510	510	510	510
年份固定效应	Y	Y	Y	Y
地区固定效应	Y	Y	Y	Y
控制变量	Y	Y	Y	Y
R^2	0.486	0.508	0.532	0.564
F	50.282 [0.000]	53.731 [0.000]	43.090 [0.000]	128.071 [0.000]

注：括号内的数值为稳健型标准误；中括号内是 P 值；*、**、*** 分别表示 10%、5%、1% 的显著性水平。

第五节　传导机制分析

一、理论机制分析

环境治理手段，或者称为环境规制方式，有直接的环境规制（正式的环境规制)，也有间接的环境规制（非正式的环境规制）。直接环境规制主要是政府通过计划手段下达行政命令，要求减少污染排放物、减少某化学能源的使用、强制性地关闭某重点污染企业、限制某些行业属性的企业进入等，其效果是立竿见影的。直接环境规制还可以通过市场手段来调节企业行为，例如政府通过征收环境税来约束企业的排污行为，其作用效果的大小由税收力度大小与企业对税负承担能力大小决定，政府征收环境税对企业的环境行为并非完全强制性的。正式的环境规制行为直接针对环境问题展开，而非正式的环境规制对环境治理的效果并非立竿见影，而是通过其他方面的改变，从而达到环境治理的效果。在环境治理过程中，环境非政府组织的作用就是非正式环境规制。从前面的分析可以看出，环境非政府组织的确达到环境改善的目的，但是并不知道环境非政府组织是如何改善环境的。通过图 4 -1，可以直观地看到环境非政府组织作用于环境质量改善过程的主要途径。根据图 4 -1，环境非政府组织对环境治理的传统机制主要包括两部分。

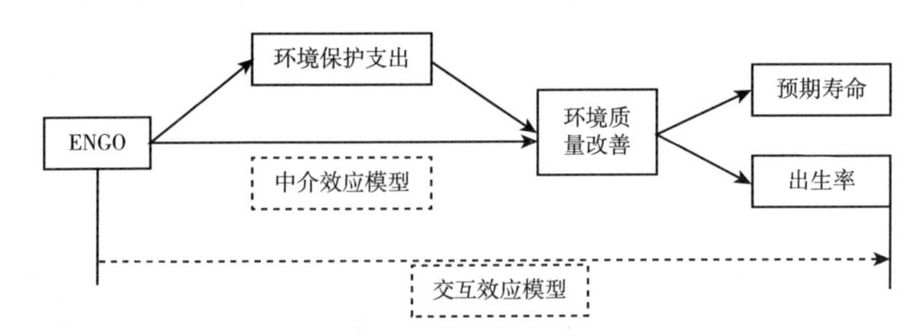

图 4 -1　OECD 国家环境非政府组织的环境治理效应传导机制

第一，环境非政府组织对环境质量改善，主要通过教育、信息公开，披露出环境问题，让政府在环境保护方面加大投入，从而提高环境质量。此外，环境非政府组织还通过影响政府的环境支出（包括企业的环境保护支出)，改善环境质量。但由于数据的限制，无法获得居民通过环境非政府组织教育而获得的环境意识的提高，可以间接考察环境保护支出在环境非政府组织对于环境质量改善过程中所起的作用，从而识别出环境非政府组织对环境质量的改善效应。

第二，环境质量改善后，对于居民个人健康方面是否有一定改善，主要从预期寿命、出生率来展现这种机制：第一，环境非政府组织是否通过环境质量改善来作用于预期寿命，使得预期寿命得以提高；第二，环境非政府组织是否通过环境质量改善来提高人口出生率。

二、机制检验策略

根据理论机制及图 4－1，首先引出中介效应模型检验环境非政府组织是否通过环境投资影响环境质量，具体模型如下：

$$PM_{2.5it} = \alpha_0 + c \times engo\_pop_{it} + Z \times \gamma + \mu_i + \upsilon_t + \xi_{it} \qquad (4-4)$$

$$Env\_I_{it} = \alpha_0 + a \times engo\_pop_{it} + Z \times \gamma + \mu_i + \upsilon_t + \xi_{it} \qquad (4-5)$$

$$PM_{2.5it} = \alpha_0 + c' \times engo\_pop_{it} + b \times Env\_I_{it} + Z \times \gamma + \mu_i + \upsilon_t + \xi_{it} \qquad (4-6)$$

$$c = c' + ab \qquad (4-7)$$

其中，（4－4）式的系数 c 为 $engo\_pop$ 对 $PM_{2.5}$的总效应，（4－5）式的系数 a 为 $engo\_pop$ 对 Env_I 的中间效应，（4－6）式的系数 b 为在控制了 $engo\_pop$ 的影响后，中介变量 Env_I 对因变量 $PM_{2.5}$的效应；系数 c'是在控制了中介变量环境投资（Env_I）的影响后，自变量 $engo\_pop$ 对因变量 $PM_{2.5}$的直接效应。（4－7）式中，系数乘积 ab 为中介效应也可以称为间接效应（indirect effect），总效应等于直接效应加上间接效应。Z 为控制变量矩阵，μ 和 υ 分别表示受地区和时间影响的不可观察的因素，ξ 为随机扰动项。

考察环境非政府组织与 $PM_{2.5}$是否对居民的健康指标具有交互效应，这里主要采用人口出生率和居民预期寿命两个指标代表居民对于环境污染作出自我决策和未来的预期，计量模型如下：

$$Poprate_{it} = \alpha_0 + \beta_1 engo\_pop_{it} + \beta_2 PM_{2.5it} + \beta_3 engo\_pop_{it} \times PM_{2.5it} + \mu_i + \upsilon_t + \xi_{it} \qquad (4-8)$$

$$Lifeexp_{it} = \alpha_0 + \gamma_1 engo\_pop_{it} + \gamma_2 PM_{2.5it} + \gamma_3 engo\_pop_{it} \times PM_{2.5it} + \mu_i + \upsilon_t + \xi_{it} \qquad (4-9)$$

其中，$Poprate$ 为人口出生率，$Lifeexp$ 为预期寿命，（4－8）式考察 $engo\_pop$ 与 $PM_{2.5}$是否对 $Poprate$ 具有交互效应，（4－9）式考察 $engo\_pop$ 与 $PM_{2.5}$是否对 $Lifeexp$ 具有交互效应。

三、结果讨论

根据（4－4）式～（4－7）式，采用Stata的外部命令sgmediation，估计结果呈现在表4－7中。从检验结果来看，Sobel、Goodman－1、Goodman－2均通过了5%左右的显著性检验，各系数也均通过5%以上的显著性检验，说明中介效应模型是合理的。从第（1）列的结果看，*engo_pop* 对 $PM_{2.5}$ 具有显著的负向影响，系数为－0.201；在第（2）列中，*engo_pop* 对 *Env_I* 的影响系数为0.050，且高度显著；在第（3）列中，*engo_pop* 对 $PM_{2.5}$ 仍然具有显著的负向影响，但系数下降到－0.176，*Env_I* 对 $PM_{2.5}$ 的影响系数显著为负，数值为－0.500。对比系数来看，当同时加入 *engo* 和 *Env_I* 时，*engo_pop* 对 $PM_{2.5}$ 的影响系数显著下降，而 *Env_I* 对 $PM_{2.5}$ 的影响系数显著为负，说明在第（3）列的模型中，*Env_I* 对 $PM_{2.5}$ 的影响减弱了 *engo_pop* 对 $PM_{2.5}$ 的影响，*Env_I* 的确在 *engo_pop* 对 $PM_{2.5}$ 的影响过程中充当了中间变量的角色。

表4－7　　中介效应模型

解释变量	被解释变量：$PM_{2.5}$	被解释变量：*Env_I*	被解释变量：$PM_{2.5}$
	（1）	（2）	（3）
engo_pop	－0.201*** （0.076）	0.050*** （0.006）	－0.176** （0.080）
Env_I			－0.500* （0.269）
常数项	10.338*** （1.831）	－0.908*** （0.236）	9.884*** （1.917）
N	510	510	510
时间固定效应	Y	Y	Y
地区固定效应	Y	Y	Y
控制变量	Y	Y	Y
R^2	0.116	0.184	0.121
F	2.855 [0.000]	8.186 [0.000]	2.731 [0.000]
Sobel-Goodman Mediation Tests			

续表

解释变量	被解释变量：$PM_{2.5}$	被解释变量：*Env_I*	被解释变量：$PM_{2.5}$
	（1）	（2）	（3）
	Coef	*Z*	*P > Z*
Sobel	-0.0286	-1.912	0.055
Goodman -1	-0.0286	-1.863	0.062
Goodman -2	-0.0286	-1.966	0.049
系数 *a*	0.045	3.704	0.000
系数 *b*	-0.628	-2.233	0.025
直接效应	-0.028	-1.912	0.056
间接效应	-0.161	-2.059	0.039
总效应	-0.190	-2.447	0.014
Proportion of total effect that is mediated：			0.150
Ratio of indirect to direct effect：			0.177
Ratio of total to direct effect：			1.177

注：括号内的数值为稳健型标准误；中括号内是 *P* 值；*、**、*** 分别表示 10%、5%、1% 的显著性水平。

在表 4-7 第（1）列和第（3）列中，各控制变量的估计基本一致，与之前的研究也没有差异。在第（2）列中，制造业的比重会促进环境保护投资，这可以解释“边污染边治理”的政策，但是制造业增长率对环保投资具有负效应，说明制造业增长快的地区，环境投资反而有所减少，这可以解释“先污染后治理”的政策。发电量、建筑业的比重和建筑业的增长率对环保投资具有正效应，也可以解释“边污染边治理”的政策。

表 4-8 通过四个模型对比分析 *engo_pop* 与 $PM_{2.5}$ 是否对 *Poprate* 具有交互效应。由于因变量为居民健康指标，之前的控制变量并非影响人口出生率和预期寿命，故此部分不再控制其他的控制变量。第（1）列的估计结果发现，$PM_{2.5}$ 对 *Poprate* 具有显著的负向影响，说明环境污染的恶化会降低居民的生育意愿，从而降低人口出生率。从第（2）列的估计结果可知，*engo_pop* 对 *Poprate* 具有显著的正向作用，说明环境非政府组织可以通过宣传、教育等提高人们的生育意愿，从而提高人口出生率。第（3）列同时加入 *engo_pop* 与 $PM_{2.5}$ 后，发现两个变量分别对 *Poprate* 具有显著的负向和正向影响，但系数均有一定的下降，说明两者并非相互独立，而是存在一定的交互影

响。第（3）列同时加入 *engo_pop* 与 $PM_{2.5}$，以及两者的交互项后，$PM_{2.5}$的系数进一步下降，但 *engo_pop* 的正向作用得到加强，其原因是交互项为负，存在减弱 *engo_pop* 的作用，故这个变量的系数得到加强。两者的交互项虽然不显著，但数据为负，说明环境非政府组织对环境污染的影响力还不够大，但已经起到一定的作用。

表 4-8　　　　*engo_pop* 与 $PM_{2.5}$对 *Poprate* 的交互效应模型

解释变量	被解释变量：*Poprate*			
	(1)	(2)	(3)	(4)
$PM_{2.5}$	-0.030*** (0.005)		-0.025*** (0.005)	-0.023*** (0.006)
engo_pop		0.052*** (0.008)	0.045*** (0.008)	0.069* (0.041)
$PM_{2.5}$ × *engo_pop*				-0.002 (0.003)
常数项	1.090*** (0.121)	0.590*** (0.103)	0.960*** (0.120)	0.929*** (0.126)
N	510	510	510	510
时间固定效应	Y	Y	Y	Y
地区固定效应	Y	Y	Y	Y
控制变量	Y	Y	Y	Y
R^2	0.073	0.078	0.117	0.118
F	2.773 [0.000]	3.596 [0.000]	3.467 [0.000]	3.434 [0.000]

注：括号内的数值为稳健型标准误；中括号内是 *P* 值；*、**、*** 分别表示 10%、5%、1% 的显著性水平。

表 4-9 的四个模型估计了 *engo_pop* 与 $PM_{2.5}$对 *Lifeexp* 的交互效应。对比第（1）列、第（3）列和第（4）列，$PM_{2.5}$对 *Lifeexp* 的影响系数均高度显著为负，但系数大小呈现逐渐变小的趋势，说明在第（3）列和第（4）列两个模型中，$PM_{2.5}$对 *Lifeexp* 的影响受到 *engo_pop* 及 $PM_{2.5}$ × *engo_pop* 的影响。在第（2）列、第（3）列和第（4）列中，*engo_pop* 的系数均显著为正，系数大小分别为 0.072、0.021 和 0.208，第（2）列的系数比第（3）

列显著降低，但在第（4）列却显著提高，说明 $PM_{2.5} \times engo\_pop$ 对 $engo\_pop$ 的作用有一定削弱，从而使其自身的系数变大。通过偏微分对回归结果进一步分析发现，$\partial Lifeexp / \partial engo\_pop = 0.208 - 0.016PM_{2.5}$，当 $PM_{2.5}$减少 1μg/m³，$engo\_pop$ 对 $Lifeexp$ 的影响为 $0.208 + 0.016 = 0.224$；相反，当 $PM_{2.5}$提高 1μg/m³，$engo\_pop$ 对 $Lifeexp$ 的影响为 $0.208 - 0.016 = 0.192$。

表 4－9　　$engo\_pop$ 与 $PM_{2.5}$ 对 $Lifeexp$ 的交互效应模型

解释变量	被解释变量：*Lifeexp*			
	（1）	（2）	（3）	（4）
$PM_{2.5}$	－0.180*** （0.017）		－0.178*** （0.017）	－0.162*** （0.020）
$engo\_pop$		0.072*** （0.016）	0.021* （0.011）	0.208*** （0.052）
$PM_{2.5} \times engo\_pop$				－0.016*** （0.004）
常数项	79.739*** （0.477）	77.057*** （0.450）	79.679*** （0.481）	79.444*** （0.499）
N	510	510	510	510
时间固定效应	Y	Y	Y	Y
地区固定效应	Y	Y	Y	Y
控制变量	Y	Y	Y	Y
R^2	0.302	0.177	0.302	0.306
F	18.047 [0.000]	8.495 [0.000]	16.976 [0.000]	26.793 [0.000]

注：括号内的数值为稳健型标准误；中括号内是 P 值；*、**、*** 分别表示 10%、5%、1% 的显著性水平。

第六节　小　　结

本章选取 OECD 发展水平与环境质量的相关指标，考察 OECD 国家的环境非政府组织对环境质量改善的作用大小及作用机制，回答环境非政府组织在 OECD 国家的环境污染减排效应。通过研究，主要得到以下三点结论：

第一，在 OECD 国家，环境非政府组织的发展的确能够在一定程度上降低 $PM_{2.5}$平均浓度值和暴露在 $PM_{2.5}$在 $10\mu g/m^3$以上的人口比重，减少 CO_2排放量、温室气体总排放量（包括 CO_2）、NO_2排放量、NO 排放量等衡量的污染排放物。不管是采用百万人拥有的环境非政府组织数量还是采用万平方千米拥有的环境非政府组织数量，以上结果均为稳健，说明假说 1 在 OECD 国家成立。

第二，在机制分析过程中，采用中介效应模型检验环保投资是否在环境非政府组织对 $PM_{2.5}$的影响过程中起到中介效应机制。结果显示，环境非政府组织可以减少 $PM_{2.5}$的平均浓度，也能促进环保投资的增加。当考察环境非政府组织和环保投资共同对 $PM_{2.5}$产生的影响时，环保投资减弱了环境非政府组织对 $PM_{2.5}$的影响。同时还发现，OECD 国家同时存在“先污染后治理”“边污染边治理”的现象，这与 OECD 国家各国之间差异较大有关。

第三，进一步讨论环境非政府组织是否影响 $PM_{2.5}$，进而影响居民的健康行为。结果发现，环境非政府组织可以提高一个国家的人口出生率和预期寿命，但 $PM_{2.5}$会降低一个国家的人口出生率和预期寿命。当采用交互模型回归后发现，$PM_{2.5}$对出生率和预期寿命的影响系数均有一定的下降，而环境非政府组织的影响有较大的提高，交互项的系数为负，但是其对环境非政府组织的减弱效果并不大。由此，验证了环境非政府组织可以改善环境质量，进而提高人们的健康水平，增加生育意愿和提高预期寿命。

第五章

环境非政府组织的减排效应：基于中国的经验研究

第一节　引　言

与国外的环境非政府组织相比，中国的环境非政府组织起步较晚，但发展速度非常快。1985 年，当时的国家环保局委托北京大学培养有关环保领域的硕士研究生，标志着中国环保方面的教育正式开启。到 20 世纪 90 年代中期，中国民间环境非政府组织慢慢走上历史舞台，标志性事件为 1994 年"自然之友"成立。之后，"地球村""绿家园""绿色江河"等在环保界颇具知名度的环境非政府组织相继成立。这个时期，珠江三角洲地区的率先工业化，使得环境污染在珠江三角洲地区开始蔓延。对于全国整体而言，中国的环境污染并不严重，环境非政府组织的主要职能为从事环境教育和知识普及。

自 20 世纪 90 年代后期，珠三角的灰霾天数不断增加，环境污染问题成为全国的热门话题。特别是进入 21 世纪以来，一方面，随着环境污染不断恶化，环境非政府组织规模不断壮大，并通过制造舆论发出各种声音，通过各种环境行动影响政府决策；另一方面，环保类基金会的崛起为环境非政府组织提供了资金保障，其中以阿拉善（北京市企业家环保基金会，简称为 SEE）为代表。据基金会中心网的数据显示，自然保护领域的基金会从 2004 年的 12 家增至 2015 年的 51 家，涌现了一批以支持民间环保行业为己任的大基金会。2006 年，在 SEE 与阿里巴巴的共同资助下，公众环境研究中心

（Institute of Public and Environmental Affairs，IPE）在北京成立。IPE 开发了污染地图（又称为蔚蓝地图），将水污染和空气污染的信息电子化和地图化，通过手机 App、微信公众号和电脑端向公众公布，其他环境非政府组织或者环保人士据此向排污的企业或者当地政府施压，推进环境质量的改善。

根据 2008 年 10 月发布的"2008 年中国环境非政府组织的发展状况报告"的数据显示，中国的环境非政府组织数量达到 508 家，而这一数量在 2005 年只有 200 多家。截至 2018 年 7 月 31 日，在中国发展简报（China Development Brief：http：//www. chinadevelopmentbrief. org. cn）网站登记的环境保护类 NGO 达到 781 家，其中 748 家为中国内地设立的，33 家为境外环境非政府组织的分支机构。与环境污染相伴，环境非政府组织在中国得到快速发展，但它们在中国的环境治理过程中是否起到如 OECD 国家一样的环境污染减排效应？第四章将 OECD 国家作为发达国家的代表，考察了环境非政府组织在 OECD 国家环境治理过程中的减排效应。本章接着考察环境非政府组织在中国环境治理中的减排效应。

中国是一个幅员辽阔、地区发展不平衡的国家。每个省，每个地级行政区，由于所处地理位置不同，经济发展水平、环境污染严重程度、环境治理阶段均存在较大差异，与之相应的环境非政府组织发展水平也存在较大差异。因此，针对中国的问题，需要从区域的角度出发，而研究省级和地级城市两个层面就变得非常必要。因此，本章重点讨论环境非政府组织在中国省级和地级城市两个层面环境治理中的减排效应，这对于中国制定不同地区政策，针对不同地区发展环境非政府组织具有重要的现实意义。

第二节　实证策略

一、识别方法

本节借鉴采用双重差分法（difference-in-difference method，DID）的思想，将设立环境非政府组织作为一个准自然实验，将设立了环境非政府组织的地区作为处理组，未设立环境非政府组织的地区作为对照组，两类地区在

环境质量上的差异即为环境非政府组织的净效应。具体来说，假设设立环境非政府组织为一个随机事件，$engo=1$ 和 $engo=0$ 分别表示设立环境非政府组织的地区（处理组）和未设立环境非政府组织的地区（对照组）。环境非政府组织的环境治理效应只有在设立了环境非政府组织的地区才能体现，在未设立环境非政府组织的地区，环境治理效应不存在。因此，在设立环境非政府组织的地区环境治理效应可以表示为 $E(EQ|engo=1)$，对于未设立环境非政府组织的地区环境治理效应为 $E(EQ|engo=0)$，那么可以得到一个设立环境非政府组织对不同个体产生影响的因果关系，即设立环境非政府组织对该地区环境质量影响的净效果为：

$$E(EQ|engo=1)-E(EQ|engo=0) \tag{5-1}$$

由于对照组和处理组随着政策实施的时间变化也会产生差异，因此引入时间虚拟变量考察它们各自的动态变化，其中政策实施前的影响为 $E(EQ|t=0)$，政策实施后的影响为 $E(EQ|t=1)$，则政策实施前后的效果差为：

$$E(EQ|t=1)-E(EQ|t=0) \tag{5-2}$$

进一步可以得到政策实施前和实施后处理组与对照组之间的差异：

$$[E(EQ|engo=1)-E(EQ|engo=0)]-[E(EQ|t=1)-E(EQ|t=0)] \tag{5-3}$$

（5-3）式体现了双重差分法的基本思想，可以很好地将设立环境非政府组织的环境治理效应进行识别。但是在实际运用 DID 方法的过程中，最重要的前提是处理组和对照组必须满足共同趋势假设，即如果不设立环境非政府组织，处理组和控制组之间的环境质量变动趋势随时间变化并不存在系统性差异，一般需要进行平行趋势检验。在本书中，由于设立环境非政府组织的时间点并不一致，是一个多时点的 DID，做平行趋势检验有一定的难度。此外，所采用的变量，还有一些为连续性的变量，只是借用 DID 的思想，所以无法做平行趋势检验。考虑到设立环境非政府组织并非完全外生，存在内生性问题，故采用工具变量法处理潜在的内生性问题。

二、模型设定

根据研究假说和双重差分法的基本思想，构建以下计量模型：

$$EQ_{it} = \alpha_0 + \beta \times engo_{it} + Z \times \gamma + \mu_i + \upsilon_t + \xi_{it} \quad (5-4)$$

（5－4）式中，EQ 表示某地区在某时期的环境质量，$engo$ 为政策虚拟变量，设立 $engo$ 的地区为 1，否则为 0；β 为双重差分法的系数，是本章最为关注的变量，其捕捉了政策实施的实际效应；Z 为本章的控制变量矩阵，γ 为相关系数矩阵；ε 为随机干扰项，μ 和 υ 分别用于捕捉那些随地区变化和随时间变化的因素，即为地区固定效应和时间固定效应。

由于标准的 DID 模型的政策变量应该是一个政策冲击变量和一个时间变量，本书中，$engo$ 是一个组合变量，即将某一个地区在设立环境非政府组织之后的若干年份全部设为 1，而设立之前和未设立环境非政府组织的地区全部设为 0，从而 $engo$ 变量相当于政策冲击变量与时间变量的乘积。为了进一步研究环境非政府组织对地区的环境治理效应，本章还利用地区拥有环境非政府组织数量（$engodata$）和拥有环境非政府组织的从业人员（$engopop$）指标进行研究。相应的计量模型为：

$$EQ_{it} = \alpha_0 + \delta \times engodata_{it} + Z \times \gamma + \mu_i + \upsilon_t + \xi_{it} \quad (5-5)$$

$$EQ_{it} = \alpha_0 + \delta \times engopop_{it} + Z \times \gamma + \mu_i + \upsilon_t + \xi_{it} \quad (5-6)$$

第三节　基于省级数据的实证结果分析

一、变量说明与数据来源

（一）核心解释变量

如（5－5）式和（5－6）式，选择 $engodata$ 和 $engopop$ 作为核心解释变量。环境非政府组织的数据，国家并没有严格统计。本书采用的数据主要来自中国发展简报（China Development Brief）。该机构成立于 1996 年，是一个为公益慈善行业提供专业的观察、研究、网络平台支持与服务的中英文双语网络平台。该平台收集了非政府组织的名录，通过该平台可以查到绝大多数非政府组织的相关信息（网站地址：http：//www. chinadevelopmentbrief. org. cn）。本书的研究数据主要通过查询该平台获得，并将从事环境保护业务的非政府组织定义为环境非政府组织。该平台对每个环境非政府组织的名称、成立时间、机构规模（人员数）、业务领域等信息进行了登记，而且按“省—地级市—区县”三级进行识别到每个机构注册地。通过这些信息，可以手工收集每一家环境非政府组织成立的地点、时间、从业人员等信息，再汇总到“省—地级市”两个层面，最后得到“省—地级市”两个层面的环境非政府组织数据。需要特别说明的是，目前收集的这个数据是相对完善的，但并不是说完全没有遗漏，只能说是目前能获得的相对完整的环境非政府组织数据，包括是否拥有环境非政府组织（*engo*）、拥有环境非政府组织的数量（*engodata*）和拥有环境非政府组织的从业人员数量（*engopop*）。

在这部分，仅利用省级的拥有环境非政府组织的从业人员数量（*engopop*）和拥有环境非政府组织的数量（*engodata*）作为核心解释变量。下面选择2000年和2010年分析这两个指标的变化趋势。2000年，只有沿海地区和重庆市拥有了环境非政府组织，其中北京市、上海市和广东省拥有的环境非政府组织数量较多；到2010年，拥有环境非政府组织的省份得到较大面积扩展，但并非每个省份都有了环境非政府组织，环境非政府组织主要还是集中在沿海省份，但西南地区、黑龙江和宁夏均有环境非政府组织开始活动；中部部分地区也出现了环境非政府组织，但是环境污染较重的山西、内蒙古和陕西的环境非政府组织发展较为滞后。

对比2000年和2010年各省份拥有环境非政府组织从业人数的空间分布发现，2010年相比2000年，拥有环境非政府组织从业人数最多的地区从北京市，扩散到山东、上海、江苏和福建等地，河北、河南、四川、湖北、浙江、广东和广西的环境非政府组织从业人数较多。2010年，重庆、贵州和黑龙江的从业人数相对较少；宁夏、辽宁、云南、河南、江西只有一家环境非政府组织，从业人数相对较少。

（二）被解释变量

在中国，省级的环境污染数据相对比较完整，本书选择以下五个环境污染指标作为省级研究的被解释变量：

雾霾污染：采用$PM_{2.5}$的自然对数来衡量（$\ln PM_{2.5}$）。对于雾霾污染数据，中国从2013年开始公布相关监测数据。由于本书涉及的时间维度较长，采用国家监测数据并不能反映环境非政府组织的真实作用。因此，本章主要采用卫生遥感数据作为替代变量。本书所使用的雾霾污染浓度值采用哥伦比亚大学社会经济数据和应用中心公布的 $PM_{2.5}$ 的卫星栅格数据度量地级市行政区的环境质量水平。

二氧化硫排放量：采用二氧化硫排放量的自然对数衡量（$\ln SO_2$），另外在省级数据里，还对工业的二氧化硫进行专门统计。将工业的二氧化硫取对数后得到另外一个指标（$\ln ind\_SO_2$）。

工业烟尘排放量：采用工业烟尘排放量的自然对数衡量（ln*soot*）。

工业废水排放量：采用工业废水排放量的自然对数衡量（ln*water*）。

环境治理投资：除了上述污染排放物的变量之外，本书还将环境治理投资作为机制检验变量，具体包括：环境治理投资（ln*ei*）：采用环境治理投资总额的自然对数衡量；城市环境基础设施建设投资（ln*cityei*）：采用城市环境基础设施建设投资的自然对数衡量；工业环境治理投资（ln*ind_ei*）：采用工业污染源治理投资额的自然对数衡量；“三同时”环保投资（ln*thr_ei*）：采用建设项目“三同时”环保投资的自然对数衡量；环境投资占比（*eniv_gdp*）：采用环境污染治理投资总额占 GDP 比重（%）衡量。

（三）控制变量

根据格罗斯曼和克鲁格（Grossman and Kruger，1995）、许和连和邓玉萍（2012）、郝宇等（2014）、秦晓丽和于文超（2016）等的研究，将下列变量列为主要控制变量：

经济发展水平：采用人均 GDP 的自然对数（ln*pgdp*）和人均 GDP 的自然对数的平方项（ln*pgdp*2）。需要特别说明的是，对于人均 GDP 的数据，采用 2000 年为基期的价格指数进行平减。采用这两个指标的目标是验证环境污染是否满足环境库兹涅茨假说。预期一次项系数为正，二次项系数为负。

产业结构（*ind*）：采用第二产业所占比重来衡量。一般来说，第二产业占比越高，说明工业化程度越高，工业污染程度越大，预期系数为负。

资本劳动比（ln*cap_lab*）：由于一个地区的产业类型与地区的环境污染水平之间具有较强的相关性，如果资本劳动比越大，说明这个地区的产业偏向于资本密集型，而资本密集型产业的能耗相对较高，可能对地区的环境污染更为严重；从另一个方面来看，如果资本劳动比越大，这个地区偏向资本密集型产业，资本密集型产业中，以高科技较多，对环境污染相对较少。预期符号不确定。

外商直接投资（fdi）：采用实际利用外商直接投资与GDP的比值再乘以100%。需要说明的是，在统计年鉴中，实际利用外商直接投资是采用美元计价，通过查阅相应年份的平均汇率，折算为以人民币计价的FDI，然后与GDP进行计算。一般来说，外商直接投资趋向于更有利益的行业，而且外商投资带来了一定的技术进步，所以预期外商直接投资对污染排放量的影响为正。

人口密度（$\ln den$）：采用单位面积人口的自然对数进行衡量。人口越多的地方，生活污染和相应的工业污染可能更高，预期系数为正。

能源效率（$\ln en$）：采用单位GDP用电量的自然对数进行衡量。能源消耗会直接带来环境污染，特别是像中国这样以煤电为主的国家，电力消耗会带来比较大的环境污染，预期系数为正。

（四）数据来源

本节研究的数据主要有以下几个来源：雾霾污染数据来源于遥感数据，时间为1998～2016年；其他污染数据主要来源于《中国环境年鉴》，但部分数据有缺失，二氧化硫和工业二氧化硫数据较为完善，2000～2016年的数据均可以查到，工业烟尘和工业废水数据只能获得2004～2016年和2004～2015年的数据。其他控制变量来源于各个年份的《中国统计年鉴》。根据数据的可得性，最后将研究周期确定为2000～2016年，部分变量的数据缺失，以实际数据的时间周期为准。表5－1为所有变量的描述性统计表。

表5－1　　　　省级数据的描述性统计

变量	样本数	平均值	标准差	最小值	最大值
被解释变量					
$\ln PM_{2.5}$	527	3.185	0.718	0.513	3.415
$\ln SO_2$	527	3.783	1.330	－2.592	5.298
$\ln ind\_SO_2$	527	12.843	1.443	6.599	13.493

续表

变量	样本数	平均值	标准差	最小值	最大值
ln*soot*	372	3.195	1.227	-2.631	5.192
ln*water*	403	11.802	1.082	6.601	13.752
ln*ei*	372	3.763	1.141	0.182	7.256
ln*cityei*	372	3.173	1.215	0	7.142
ln*ind_ei*	372	2.639	0.947	0	3.960
ln*thr_ei*	372	3.504	1.151	0.095	6.085
eniv_gdp	372	1.343	0.692	0.059	3.672
解释变量					
engodata	527	3.154	6.564	0	61
engopop	527	2.977	2.496	0	8.226
ln*engopop*	527	2.977	2.496	0	8.226
ln*engodata*	527	0.897	0.911	0	3.127
控制变量					
ln*pgdp*	527	8.815	1.218	3.769	11.300
ln$pgdp^2$	527	79.193	20.673	22.743	127.699
ind	527	45.310	8.193	19.262	60.133
ln*cap_lab*	527	0.806	0.454	0.254	3.351
fdi	527	2.301	2.356	0.001	13.652
ln*den*	527	5.269	1.464	0.723	8.245
en	527	0.128	0.081	0.037	0.521

注：环境投资的相关变量，并不是从2000年开始统计，有一些年份和省份缺失，所以在样本量上有一定的差异。

二、基准回归

表5-2汇报了基准模型的估计结果。五个模型均控制了时间固定效应，从F检验值来看，五个模型通过检验。

表 5-2　　基准回归

解释变量	$\ln PM_{2.5}$	$\ln SO_2$	ln*soot*	ln*water*	ln*ind_SO*$_2$
	(1)	(2)	(3)	(4)	(5)
engodata	-0.004*** (0.001)	-0.028*** (0.005)	-0.014** (0.006)	-0.003*** (0.001)	-0.045*** (0.012)
ln*pgdp*	0.230 (0.191)	1.275*** (0.391)	1.843** (0.894)	0.624 (0.402)	0.427 (0.555)
ln*pgdp2*	0.000 (0.009)	-0.094*** (0.017)	-0.148*** (0.047)	0.001 (0.014)	-0.041 (0.027)
ind	0.001 (0.002)	0.005 (0.008)	0.007 (0.013)	-0.007 (0.006)	0.005 (0.007)
ln*cap_lab*	0.023 (0.022)	0.194*** (0.064)	0.128 (0.081)	0.012 (0.046)	0.129 (0.110)
fdi	0.009* (0.005)	-0.004 (0.007)	-0.033*** (0.012)	0.006 (0.006)	-0.007 (0.007)
ln*den*	0.158* (0.088)	0.355* (0.186)	0.429 (0.364)	0.120 (0.162)	0.306 (0.240)
en	0.825** (0.367)	2.718*** (0.650)	2.564** (1.254)	0.611 (0.530)	0.733 (1.186)
常数项	5.177*** (1.368)	-3.216 (2.928)	-3.709 (5.599)	5.939** (2.803)	9.833** (3.751)
样本数	527	527	372	403	527
R^2	0.634	0.734	0.607	0.462	0.554
时间固定效应	Y	Y	Y	Y	Y
地区固定效应	Y	Y	Y	Y	Y
F 检验	99.282 [0.000]	112.558 [0.000]	45.136 [0.000]	27.621 [0.000]	43.066 [0.000]

注：括号内的数值为稳健型标准误；中括号内是 *P* 值；*、**、*** 分别表示 10%、5%、1% 的显著性水平。

第（1）列环境非政府组织对 $PM_{2.5}$ 的影响系数显著为负，说明环境非政府组织对 $PM_{2.5}$ 具有改善的作用，当一个地区增加 1 家环境非政府组织，

$PM_{2.5}$将下降0.4%。在第（2）列中，环境非政府组织对二氧化硫总排放量的估计系数也是显著为负，当一个地区增加1家环境非政府组织，二氧化硫总排放量将下降2.8%。第（5）列是考察环境非政府组织对工业二氧化硫排放量的影响，该系数显著为负，系数为-0.045，比二氧化硫总排放量影响系数更大，说明环境非政府组织对工业二氧化硫的减排效应更好。

第（3）列为考察环境非政府组织对工业烟尘排放量的影响，系数显著为负，平均意义上，一个地区增加1家环境非政府组织，会使得工业烟尘排放量减少1.4%。第（4）列为考察环境非政府组织对工业废水排放量的影响，系数显著为负，平均意义上，一个地区增加1家环境非政府组织，会使得工业烟尘排放量下降1.4%。综合来看，环境非政府组织对五种环境污染物具有显著的负向影响，尽管系数存在一定的差异，但均显著为负，说明在中国省级层面上，环境非政府组织具有污染减排效应，假说1得以验证。

在五个模型中，只有第（2）列和第（3）列的经济发展水平一次项系数显著为正，二次项系数显著为负，说明只有工业烟尘排放量和二氧化硫总排放量与经济发展水平之间呈现显著的倒U型曲线关系，即工业烟尘排放量和二氧化硫总排放量与经济发展水平之间的关系满足环境库兹涅茨假说。产业结构对五种污染物不具有显著影响；资本劳动比对二氧化硫总排放量具有显著的正向影响；外商直接投资对雾霾污染具有显著的正向影响，但对工业烟尘排放量具有显著的负向影响；人口密度对五种污染排放物均有正向影响，但只对雾霾污染和二氧化硫总排放量具有显著的正向影响；单位GDP用电量对五种污染也具有正向影响，但对工业废水和工业二氧化硫不具有显著影响。

三、内生性问题

基准回归是采用DID的方法对各种污染指标的减排效应进行考察。但是采用DID估计方法的前提是需要知道这种外部性是足够外生的，通常采用平行趋势检验。在本书中，一个地区设立环境非政府组织的时间并不固定，是一个多时期的DID模型。因此，无法采用传统的平行趋势检验，只能寻求其他方法的帮助。

检验 DID 方法的适用性，其根据是检验设立环境非政府组织与否是否足够外生。显著设立环境非政府组织并足够外生，其内生性主要来源于以下三个方面：第一，污染越严重的地区，越容易设立环境非政府组织。道理很简单，只有当一个地方环境污染问题让人们开始重视了，非政府组织才会考虑是否增加环境保护的业务范围。第二，经济越发达的地区，越容易设立环境非政府组织。这也是显而易见的，非政府组织需要一定经济发展水平作为存活的基础，获得社会的捐赠。第三，城市行政级别越高，越有可能设立环境非政府组织。城市级别越高，设立环境非政府组织的影响越大，其业务范围或者服务地域可能更广阔。这三种情况均可能导致 DID 的失效，即设立环境非政府组织是内生的，与环境污染水平存在联立因果关系。当然，导致内生性问题的因素还有遗漏变量和度量误差的问题，在本书中也多少存在这些问题。解决以上内生性问题的最好方法是采用工具变量法。

工具变量的选择需要满足两个条件：第一，与设立环境非政府组织要高度相关；第二，与随机误差项无关，也就是与环境污染水平无关。遵循以上两点，本书认为，设立环境非政府组织受到国际环境非政府组织在中国发展情况的影响，也就是说，当一个地区设立的国际环境非政府组织的机构越多，那么非政府组织的环境保护意识就会越强，从而也会试着扩展一些环境保护的业务范围，或者新设立一个环境非政府组织。那么中国具有国际环境非政府组织机构最多的城市是哪些呢？显然，国际环境非政府组织选择的地方首先是北京。通过对中国国际环境非政府组织的统计显示，明确把环境非政府组织总部设在北京的国际环境非政府组织有 24 家，而上海只有 1 家（见表 5 - 3）。除了上述 25 家环境非政府组织在中国的分支机构明确了设立地点之外，还有 20 余家不明确设立地点，但通过查阅这些环境非政府组织的主页，发现它们的业务地域主要还是在北京。由此判断，北京是国际环境非政府组织集中的主要城市，而中国各城市的环境非政府组织受到北京国际环境非政府组织的影响。

表5－3　　北京和上海的国际环境非政府组织

城市	名称	成立时间（年）	城市	名称	成立时间（年）
北京	Climate Parliament	—	北京	世界未来委员会	2005
北京	德国技术合作组织	—	北京	德国罗莎卢森堡基金会北京代表处	2006
北京	联合国开发计划署 UNDP	1965	北京	德国农业协会	2007
北京	荷兰禾众基金会	1969	北京	世界动物保护协会	2007
北京	绿色和平	1971	北京	英国森林协会	2007
北京	德国国际合作机构	1982	北京	瑞士发展合作署	2008
北京	伯尔基金会	1995	北京	香格里拉农场	2009
北京	国际野生物贸易研究组织	1996	北京	渴望宣言	2012
北京	国际竹藤组织	1997	北京	英特思福亚太办公室	2013
北京	亚洲清洁空气中心	2001	北京	可持续发展联盟	2014
北京	英国碳信托	2001	北京	Forest Stewardship Council	2015
北京	欧洲森林研究所基金亚洲中国项目办公室	2003	上海	环球健康与教育基金会	2005
北京	气候组织	2004			

资料来源：采用的数据主要来自中国发展简报（China Development Brief：http：//www. chinadevelopmentbrief. org. cn/），经过作者加工处理。

结合以上的特征事实，本书认为，设立环境非政府组织与否与北京国际环境非政府组织的发展程度有直接关系，而受北京国际环境非政府组织影响与这个地区的环境污染之间并不能找到直接的关系。因此，将每个城市与北京的距离作为相应工具变量。具体来说，离北京的距离越远，设立环境非政府组织的可能性越低，但这并不是一个线性关系。通过各个城市的经纬度，获得各个城市到北京的距离，然后将距离分为若干等级：离北京100千米设为1，表明北京周边100千米范围内，受到国际环境非政府组织的影响是一致的；离北京的中心距离在100～200千米的范围，设为0.9，说明在这个范围内的城市，受到国际环境非政府组织的影响减弱为北京地区的0.9倍；以此类推，当离北京的中心距离达到1000千米以上，本书认为受到北京国际环境非政府组织的影响会相当弱，而且基本是无差异的，但是也会受到影响，所以将离北京1000千米以上的地区全部设为0.1，得到本部分的工具变量（dis_bj）。

表5－4为利用工具变量，采用了2SLS的估计结果。从第一阶段的估计结果来看，*dis_bj* 对 *engodata* 具有显著的正向影响，说明的确离北京越近，更有可能设立环境非政府组织，且环境非政府组织的数目越多。在第一阶段中，五个模型的 F 值均在10以上，说明工具变量估计是合理的。在第二阶段估计中，五个模型的 *engodata* 均显著为负，系数分别为－0.047、－0.039、－0.009、－0.100、－0.077，意味着一个地区每增加一家环境非政府组织，$PM_{2.5}$将下降4.7%、二氧化硫总排放量将下降3.9%、工业烟尘排放量将下降0.9%、工业废水排放量将下降10%、工业二氧化硫排放量将下降7.7%。

表5－4　　　　工具变量估计结果（环境非政府组织数量）

解释变量	$\ln PM_{2.5}$	$\ln SO_2$	ln*soot*	ln*water*	$\ln ind\_SO_2$
	(1)	(2)	(3)	(4)	(5)
engodata	－0.047*** (0.008)	－0.039*** (0.010)	－0.009*** (0.02)	－0.100*** (0.013)	－0.077*** (0.011)
ln*pgdp*	0.227* (0.137)	3.153*** (0.180)	3.839*** (0.280)	1.357*** (0.282)	3.923*** (0.198)
$\ln pgdp^2$	0.001 (0.008)	－0.168*** (0.010)	－0.213*** (0.016)	－0.004 (0.016)	－0.144*** (0.011)
ind	0.041*** (0.005)	0.005 (0.007)	0.035*** (0.009)	－0.065*** (0.009)	－0.006 (0.007)
ln*cap_lab*	－0.226*** (0.040)	－0.354*** (0.053)	－0.460*** (0.068)	－0.123* (0.071)	－0.421*** (0.058)
fdi	0.005 (0.007)	－0.061*** (0.010)	－0.039*** (0.013)	－0.040*** (0.013)	－0.058*** (0.011)
ln*den*	0.444*** (0.016)	－0.018 (0.021)	－0.199*** (0.027)	0.126*** (0.028)	0.025 (0.023)
en	1.383*** (0.292)	7.742*** (0.386)	5.461*** (0.510)	3.964*** (0.524)	8.692*** (0.423)
常数项	0.797 (0.559)	－19.173*** (0.738)	－23.126*** (1.204)	0.815 (1.207)	－9.709*** (0.809)
样本数	527	527	372	403	527
R^2	0.797	0.897	0.863	0.789	0.895

续表

解释变量	$\ln PM_{2.5}$	$\ln SO_2$	ln*soot*	ln*water*	ln*ind_SO*$_2$
	(1)	(2)	(3)	(4)	(5)
Wald chi2 检验	2343.06 [0.000]	4502.54 [0.000]	2321.02 [0.000]	1821.69 [0.000]	4373.49 [0.000]
第一阶段估计					
dis_bj	7.150*** (0.723)	7.150*** (0.723)	7.645*** (0.956)	7.578*** (0.898)	7.150*** (0.723)
控制变量	Y	Y	Y	Y	Y
地区固定效应	Y	Y	Y	Y	Y
时间固定效应	Y	Y	Y	Y	Y
F 检验	31.85 [0.000]	31.85 [0.000]	29.92 [0.000]	30.31 [0.000]	31.85 [0.000]
R^2	0.604	0.604	0.618	0.613	0.604

注：括号内的数值为稳健型标准误；中括号内是 *P* 值；*、**、*** 分别表示 10%、5%、1% 的显著性水平。

在工具变量估计下，经济发展水平对二氧化硫排放量、工业二氧化硫排放量、工业烟尘排放量、工业废水排放量四种污染物一次项系数为正，二次项系数为负，且高度显著，说明经济发展水平与这些污染物之间呈现倒 U 型的曲线特征，满足库兹涅茨假说；但是经济发展水平与 $PM_{2.5}$ 和工业废水的库兹涅茨假说并不成立。单位 GDP 用电量对五种污染物排放量具有显著的正向影响。除 $PM_{2.5}$ 外，外资直接投资对其他四种污染物排放量具有显著的负向影响，说明外商直接投资对直接的污染物排放具有显著的负向影响，但对空气污染不具有显著影响。资本劳动比对五种污染物均具有显著的负向影响。

四、稳健性检验

采用地区拥有的环境非政府组织的个数衡量地区的环境非政府组织发展水平，存在一定的度量误差。其原因是一个环境非政府组织拥有 10 个工作人员与拥有 100 个工作人员，其对地区环境治理影响力是不一样的。因此，在度量环境非政府组织时，需要考虑环境非政府组织的规模程度。在此部分，本书采用一个地区某一个年份拥有的从业人员数量作为衡量环境非政府组织的替代变量。具体来说，本书在查阅中国发展简报网站时，对大部分环境非政府组织的机构规模（人员数）进行了统计，当然这个机构规模数可能只是企业的一个大概登记人数，但是在一定程度上能够反映这家环境非政府组织的规模水平。本书将某一年一个地区所有环境非政府组织的从业人员加总后得到某一年某一个地区的环境非政府组织从业人员规模（*engopop*），由于本书其他变量均取了自然对数，因此对这个变量加 1 后取自然对数，得到变量 ln*engopop*。

本书直接采用到北京的距离作为工具变量进行估计，2SLS 的估计结果汇报于表 5－5。第一阶段估计来看，*F* 检验值均在 10 以上，说明工具变量估计结果是可信的。到北京的距离对环境非政府组织从业人员具有显著的正向影响，说明离北京越近，环境非政府组织的从业人员越多。从工具变量估计结果可以看出，环境非政府组织从业人员对五种环境质量指标均具有显著的负向影响，系数均比表 5－4 的系数要大一些，其原因是环境非政府组织的度量指标不一样了。整体来看，采用环境非政府组织从业人员的稳健性检验结果是稳健的。除雾霾污染外，其他四种污染物排放量与经济发展水平之间整体呈现倒 U 型的曲线关系。工业用电对四种污染物具有显著的正向影响，但外商投资的影响系数显著为负。

表 5－5　　稳健性检验

解释变量	$\ln PM_{2.5}$	$\ln SO_2$	ln*soot*	ln*water*	$\ln ind\_SO_2$
	(1)	(2)	(3)	(4)	(5)
ln*engopop*	−0.279*** (0.071)	−0.229*** (0.073)	−0.093*** (0.012)	−0.817*** (0.239)	−0.455*** (0.110)
ln*pgdp*	−0.266 (0.213)	3.185*** (0.219)	3.922*** (0.302)	1.921*** (0.669)	3.987*** (0.330)
$\ln pgdp^2$	−0.007 (0.013)	−0.162*** (0.013)	−0.213*** (0.016)	0.004 (0.036)	−0.132*** (0.020)
ind	0.039*** (0.007)	0.007 (0.008)	0.033*** (0.012)	−0.074*** (0.023)	−0.002 (0.012)

续表

解释变量	$\ln PM_{2.5}$	$\ln SO_2$	ln*soot*	ln*water*	ln*ind_SO*$_2$
	(1)	(2)	(3)	(4)	(5)
ln*cap_lab*	-0.414*** (0.093)	-0.200** (0.096)	-0.410*** (0.114)	0.570** (0.249)	-0.114 (0.144)
fdi	0.007 (0.012)	-0.063*** (0.012)	-0.043*** (0.015)	-0.056* (0.032)	-0.062*** (0.018)
ln*den*	0.357*** (0.035)	0.053 (0.036)	-0.158** (0.063)	0.459*** (0.123)	0.167*** (0.054)
en	-1.459*** (0.465)	7.805*** (0.478)	5.649*** (0.675)	5.076*** (1.396)	8.816*** (0.720)
常数项	1.959** (0.913)	-20.128*** (0.938)	-23.631*** (1.343)	-3.073 (2.932)	-11.602*** (1.412)
样本数	527	527	372	403	527
R^2	0.509	0.849	0.864	0.754	0.709
Wald chi2 检验	966.76 [0.000]	3073.53 [0.000]	2337.47 [0.000]	350.36 [0.000]	1580.23 [0.000]
第一阶段估计					
dis_bj	1.205*** (0.249)	1.205*** (0.249)	0.767*** (0.272)	0.927*** (0.269)	1.205*** (0.249)
控制变量	Y	Y	Y	Y	Y
地区固定效应	Y	Y	Y	Y	Y
时间固定效应	Y	Y	Y	Y	Y
F 检验	43.51 [0.000]	43.51 [0.000]	41.13 [0.000]	30.31 [0.000]	43.51 [0.000]
R^2	0.675	0.675	0.689	0.613	0.675

注：括号内的数值为稳健型标准误；中括号内是 *P* 值；*、**、*** 分别表示 10%、5%、1% 的显著性水平。

五、进一步分析

前面就环境非政府组织对污染物排放的减排效应进行了详细考察，但并不清楚环境非政府组织对污染物排放的减排效应是如何实现的。本部分将进一步探讨环境非政府组织环境治理效应的具体机制。

环境污染行为是企业、个人为了个体的利益最大化而忽略公共利益的一种行为，这是由环境污染的外部性决定的。消除这种外部性，需要加大用于公共环境治理方面的投入，通过增加用于环境改善方面的资金，让受到污染的环境得到改善，这是环境污染治理的基本逻辑。那么环境非政府组织在这个过程中，是否通过监督和信息公开，使得整个社会用于环境治理方面投资增加，这正是本部分的研究任务。通过查阅《中国环境统计年鉴》，本书获得了 2005～2016 年中国省级环境投资的数据，具体包括“环境污染治理投资总额”“城市环境基础设施建设投资”“工业污染源治理投资”“建设项目‘三同时’环保投资”“环境污染治理投资总额占 GDP 比重（%）”五个指标。本书将前四个指标分别取对数后得到四个变量（有个别数值小于 1，因此，本书在处理时每个数均加 1 后取对数），分别是 ln*ei*、ln*cityei*、ln*ind_ei*、ln*thr_ei*，第五个指数是一个相对值，就取原始值。同时，本书对环境非政府组织的数据进行了相应处理，对于 *engodata*，本书采取每个数值加 1 后取对数，具体表示为某年某个地区拥有的环境非政府组织家数的自然对数。对于 *engopop*，本书采取每个数值加 1 后取对数，具体表示为某年某个地区拥有的环境非政府组织从业人员数量的自然对数。

表 5－6 汇报了环境非政府组织家数的自然对数对五个环境投资变量的估计结果。第（1）列汇报了对环境总投资的影响，结果 ln*engodata* 的系数显著为正。系数为 0.170，说明当环境非政府组织数量增加 1%，环境总投资将增加 0.17%。经济发展水平与环境总投资之间呈现倒 U 型的环境库兹涅茨曲线特征；电力消费与环境投资正相关，其他变量不再显著，其原因在于它们对污染排放有影响，但并不一定对污染投资有影响。城市环境基础设施建设投资主要指城市废水、废气、固体废物、噪声及其他治理项目的投资，从第（2）列的结果来看，环境非政府组织的发展，会显著提高城市环境基础设施建设投资，当环境非政府组织数量增加 1%，城市环境基础设施建设投资将增加 0.243%；第（3）列中 ln*engodata* 的系数为 0.060，显著为正，说明当环境非政府组织数量增加 1%，工业污染源治理投资将增加 0.06%。

表 5 - 6　　机制分析（ln*engodata*）

解释变量	ln*ei*	ln*cityei*	ln*ind_ei*	ln*thr_ei*	*eniv_gdp*
	(1)	(2)	(3)	(4)	(5)
ln*engodata*	0.170** (0.064)	0.243** (0.090)	0.060*** (0.010)	0.289** (0.134)	0.220** (0.090)
ln*pgdp*	2.365*** (0.711)	2.420*** (0.875)	1.722*** (0.607)	0.924 (1.357)	2.170* (1.141)
ln$pgdp^2$	-0.074** (0.027)	-0.008 (0.035)	-0.066* (0.035)	-0.024 (0.047)	-0.131*** (0.040)
ind	0.007 (0.010)	-0.004 (0.010)	-0.017 (0.010)	0.001 (0.017)	0.003 (0.015)
ln*cap_lab*	0.098 (0.100)	0.095 (0.139)	0.288** (0.133)	0.059 (0.128)	0.173 (0.169)
fdi	0.009 (0.017)	0.016 (0.020)	0.016 (0.021)	0.022 (0.021)	0.006 (0.020)
ln*den*	0.079 (0.276)	-0.103 (0.368)	-1.171** (0.464)	0.392 (0.537)	-0.099 (0.247)
en	3.492** (1.498)	3.655* (1.994)	1.976 (1.580)	1.728 (3.213)	7.564** (2.859)
常数项	-12.142** (3.797)	-16.461** (5.987)	-1.138 (3.448)	-6.186 (9.152)	-8.762 (8.072)
样本数	372	372	372	372	372
地区固定效应	Y	Y	Y	Y	Y
时间固定效应	Y	Y	Y	Y	Y
R^2	0.795	0.744	0.267	0.582	0.218
F 检验	83.928 [0.000]	52.633 [0.000]	8.619 [0.000]	57.045 [0.000]	3.107 [0.000]

注：括号内的数值为稳健型标准误；中括号内是 *P* 值；*、**、*** 分别表示 10%、5%、1% 的显著性水平。

建设项目“三同时”环保投资是指新建、改建、扩建的基本建设项目、技术改造项目、区域或自然资源开发项目，其防治环境污染和生态破坏的设施，必须与主体工程同时设计、同时施工、同时投产使用的制度简称“三同时”制度。这些项目的实施受到广泛的关注，也是环境非政府组织重点关注的建设项目，所以环境非政府组织对“三同时”环保投资具有显著的影响，

表5－6第（4）列的结果说明了这一点，当环境非政府组织的数量增加1%，则“三同时”环保投资将增加0.289%，这在四种投资增加中是最大的；最后，环境非政府组织对环境投资占GDP的比重的影响显著为正，说明环境非政府组织的数量增加1%，环境投资占GDP的比重将增加0.22%。

表5－7将核心解释变量更换为ln*engopop*，估计结果显示，五个系数均显著为正，说明不管是采用环境非政府组织的数量，还是采用环境非政府组织从业人员数量，环境非政府组织对各项环境投资均有显著促进作用。第（1）列汇报了对环境总投资的影响，结果ln*engodata*的系数显著为正。具体来说，当环境非政府组织从业人员每增加1%，环境污染治理投资总额将提高0.046%；城市环境基础设施建设投资将提高0.055%；工业污染源治理投资将提高0.017%；建设项目“三同时”环保投资将提高0.114%；环境污染治理投资总额占GDP比重（%）将提高0.06%。可以看出，环境非政府组织对“三同时”投资的影响最大，说明环境非政府组织对“三同时”环境投资更为直接。其他控制变量与表5－6基本一致，几种投资与经济发展水平之间基本呈现倒U型曲线特征，说明随经济水平的提高，环境投资呈现先上升、后下降的趋势。

表5－7　　　　机制分析（ln*engopop*）

解释变量	ln*ei*	ln*cityei*	ln*ind_ei*	ln*thr_ei*	*eniv_gdp*
	（1）	（2）	（3）	（4）	（5）
ln*engopop*	0.046** （0.018）	0.055* （0.029）	0.017** （0.07）	0.114*** （0.035）	0.060** （0.024）
常数项	－9.944* （5.078）	－13.592** （6.507）	－0.758 （3.393）	－1.560 （8.225）	－5.889 （8.299）
样本数	372	371	372	372	372
控制变量	Y	Y	Y	Y	Y
地区固定效应	Y	Y	Y	Y	Y
时间固定效应	Y	Y	Y	Y	Y
R^2	0.794	0.740	0.267	0.592	0.216
F 检验	106.251 [0.000]	40.279 [0.000]	9.512 [0.000]	70.577 [0.000]	3.653 [0.000]

注：括号内的数值为稳健型标准误；中括号内是 *P* 值；*、**、*** 分别表示10%、5%、1%的显著性水平。

从省级数据的研究发现，环境非政府组织对环境污染排放物均具有显著的减排效应，而通过机制分析发现，环境非政府组织主要通过增加各项环境投资，改善了各种污染物的治理投资，进而减少环境污染物的排放量，在省级层面上，验证了本书的研究假说。

第四节　基于城市数据的实证结果分析

一、变量说明与数据来源

（一）核心解释变量

与上一节相同，手工获得了中国地级城市的环境非政府组织数据，本节主要采用（5－4）式和（5－5）式，选用 *engo* 和 *engodata* 两个变量代表环境非政府组织的发展程度。需要特别说明的是，本节没有选择 *engopop* 的原因是，这一指标在城市之间相差比较大，如果两个城市中一个城市拥有一家环境非政府组织，而另一城市没有，那么就业人数之间的差异可能是 10 以上，这种变异性太大，获得的估计结果可信性较弱。首先，*engo* 的设定标准为，当 *engo* =1 时，说明这个城市拥有环境非政府组织，当 *engo* =0 时，代表这个城市没有环境非政府组织；*engodata* 代表某个地区在某一个时间拥有多少家环境非政府组织，*engodata* =0 代表没有环境非政府组织，*engodata* =1 代表只有一家环境非政府组织，以此类推。

下面用 *engo* 这个指标来分析环境非政府组织在中国的发展。从环境非政府组织在各城市的空间分布可以看出，拥有环境非政府组织的地区越来越多，2000 年，全国只有北京市、唐山市、上海市、南京市、杭州市、福州市、厦门市、东营市、深圳市、珠海市、惠州市、重庆市等 12 个城市拥有环境非政府组织；但是到 2005 年，拥有环境非政府组织的城市增加到 20 个，增长了 67%；2010 年增加到 43 个，比 2005 年增长了一倍多（115%）；到 2015 年拥有环境非政府组织的地区数达到 82 个，较 2010 年增长了 91%。可以看出中国各地区的环境非政府组织发展非常迅速，如果按地级行政单位来看，达到 25% 的地级市拥有了当地的环境非政府组织。

从空间分布来看，2000年，环境非政府组织主要设立在一些经济发展较好的城市、省会和直辖市，例如北京市、上海市、南京市、杭州市、福州市、厦门市、深圳市、珠海市、重庆市等，但也有像东营市、唐山市、惠州市等发展相对落后的城市。但除了重庆之外，其他城市均分布于东部沿海地区，说明中西部城市的环境非政府组织发展相对滞后。

2000～2005年，环境非政府组织开始在天津市、鞍山市、泉州市、潍坊市、威海市、郑州市、佛山市、成都市等设立环保组织。这些城市虽然主要是东部城市，但中部的郑州和西部的成都均开始重视环境保护了。

到2010年，环境非政府组织在中西部城市的发展加快，主要分布于黄山市、亳州市、南昌市、武汉市、长沙市、柳州市、贵港市、贵阳市、昭通市、酒泉市；当然，东部城市还是环境非政府组织的主战场，包括大连市、营口市、哈尔滨市、常州市、苏州市、宁波市、温州市、湖州市、绍兴市、金华市、青岛市、广州市、海口市。

2015年，环境非政府组织基本随机分布于中国的东、中、西部地区，拥有环境非政府组织的东部地区占到40.59%；拥有环境非政府组织的中部地区占到20.56%；拥有环境非政府组织的西部地区占到27.78%。

（二）被解释变量

空气污染指数（air pollution index，API）。从2013年起，绝大多数城市先后开始公布空气质量指数（air quality index，AQI），但之前，国家主要在一些环保重点城市公布空气污染指数。API是将常规监测的几种空气污染物浓度简化为单一的概念性指数值形式，并分级表征空气污染程度和空气质量状况，适合于表示城市的短期空气质量状况和变化趋势。空气污染的污染物有烟尘、总悬浮颗粒物、可吸入悬浮颗粒物（浮尘）、二氧化氮、二氧化硫、一氧化碳、臭氧、挥发性有机化合物等。由于AQI公布的时间年份较短，本书主要采用API作为空气污染的主要变量。但是，API的公布也存在一些问题，对于中国城市级的API数据，开始公布API的时间并不一致。

从表5－8可以看出，2000年，国家只公布了44个城市的API数据，之后逐年增多，到2006年，连续五年保持在85个城市，2011～2013年，公布了118个城市的API，2014年和2015年超过200个城市。2016年，不再公布 API 指数。从 API 数据来看，公布的城市中空气污染指数呈现先下降、后上升的趋势。2000 年，公布城市的平均 API 从 85 左右下降到 2012 年的 65，但 2013~2015 年，上升到 116。从最大值来看，2000 年，最大污染指数为 167.8，2011 年，最大污染指数为 95.8，2013 年达到 384，之后两年保持在 220 以上。

表 5-8　　API 历年样本量及描述性统计

年份	样本数	平均值	标准误	最小值	最大值
2000	44	83.59	31.28	42.2	167.8
2001	49	86.33	31.41	33.4	160.4
2002	61	79.98	28.42	28	146.8
2003	55	77.05	23.91	30	127.6
2004	84	76.83	18.22	32.5	123.9
2005	84	73.13	15.67	37.5	109.1
2006	85	73.98	16.36	39.5	129
2007	85	70.88	12.96	36.1	100.3
2008	85	69.20	12.36	40.5	103.1
2009	85	67.75	13.24	37	101.6
2010	85	68.58	11.79	37.9	108.9
2011	118	67.14	9.82	38.6	95.8
2012	118	65.58	10.31	33	101.6
2013	118	95.08	51.47	43.5	384
2014	212	103.61	28.55	51	226
2015	280	116.43	29.52	58.6	231.2

注：API 数据通过查阅环境保护部相关网站获得。

雾霾污染（fine particles，$PM_{2.5}$）。从 2013 年起，中国开始公布空气质量指数，并对 $PM_{2.5}$、PM_{10}、O_3、NO_2、CO 等污染物进行公布，也是因为年份时间短，无法在本书中采用。本书所采用的雾霾污染浓度值采用哥伦比亚大学社会经济数据和应用中心公布的 $PM_{2.5}$ 的卫星栅格数据度量省级行政区的环境质量水平。哥伦比亚大学社会经济数据和应用中心基于卫星监测的栅格数据、通过统计技术，获得全球每个 0.01°×0.01°的栅格 $PM_{2.5}$ 浓度值（Boys et al.，2014；Van Donkelaar et al.，2015；Van Donkelaar et al.，2016）。

本书利用中国地级市行政区地图文件与全球的栅格数据进行匹配，最终获得每个地级市内每个0.01°×0.01°的栅格$PM_{2.5}$浓度值。每个地级市根据其地理面积，具有多个$PM_{2.5}$浓度值，本书再对这些$PM_{2.5}$浓度值取平均值，用这个$PM_{2.5}$平均浓度值（$\ln PM_{2.5}$）来度量每个地级市的环境质量。

此外，根据数据可得性和相关文献（包群和彭水军，2006；陈昌兵等，2009），本书还将采用工业废水排放量的对数（ln*water*）、工业二氧化硫排放量的自然对数（$\ln SO_2$）和工业粉尘排放量的自然对数（ln*dust*）表示因工业而直接导致的污染水平。

通过2000年、2005年、2010年和2015年各地级市$PM_{2.5}$污染的空间分布分析中国的环境污染程度。从整体来看，长江中下游到华北地区和西北部分地区$PM_{2.5}$污染变得越来越严重；东北以及西南地区$PM_{2.5}$污染较轻。下面分阶段进行分析：

第一阶段（2000～2005年），污染急剧加重阶段。从整体来看，这一阶段污染状况急剧加重，体现在西北地区以及局部中部偏东地区污染严重级别上升。西北地区大面积污染加剧，特别是伊犁哈萨克自治州和昌吉回族自治州污染加剧状况严重。中部、南部以及中部偏东部地区，$PM_{2.5}$污染面积在急剧扩大，污染程度也在加重。

第二阶段（2005～2010年），污染继续加重阶段。2010年西北地区$PM_{2.5}$值在45～60ug/m^3，扩散的重度污染面积是2005年的102.17%，特别是和田地区和巴音郭楞蒙古自治州的$PM_{2.5}$状况已到严重污染的程度，但西北地区的总体污染面积得到了一定程度的控制。西南地区局部地区污染加重，玉树藏族自治州污染加剧并从轻度污染变为中度污染。

第三阶段（2010～2015年），局部地区污染好转阶段。该时期$PM_{2.5}$污染状况整体趋于严重，例如新疆的部分地区（有72.16%的地区处于重污染状态）、东北三省的吉林—长春—哈尔滨地区的污染级别显著升高，河北省的太原市、沧州市、滨州市的污染处于加重状态。但是，可喜的是，整个华南地区的$PM_{2.5}$污染全面缓解，$PM_{2.5}$浓度均下降到45ug/m^{3}以下，而且东南沿海地区（广东、福建、浙江）的部分地区，$PM_{2.5}$浓度整体低于30ug/m^3。

（三）控制变量

经济发展水平。根据格罗斯曼和克鲁格（Grossman and Kruger，1995）

提出的环境库兹涅茨曲线理论（EKC），经济增长与环境污染呈倒U型曲线关系，即随着经济发展水平越高，环境污染程度越高，随后到达最高点之后，环境污染程度呈现下降趋势。因此，考察这种趋势，本书分别引入人均国民收入的对数（ln*pgdp*）及其平方项（$\ln pgdp^2$），人均国民收入的数据采用2000年的不变价进行折算。

产业结构（*ind*）。许和连和邓玉萍（2012）指出，一个地区环境污染水平与该地区的产业结构具有较强的相关性。本书主要考察工业废水排放量、工业二氧化硫排放量和工业烟尘排放量，这几个方面都与工业行业有直接关系。采用工业增加值占国民生产总值的比重作为产业结构指标，可以反映产业结构对环境污染的影响强度，预期产业结构对环境污染的系数为正。

资本劳动比（$\ln cap\_lab$）。一个地区的产业类型会影响一个地区环境污染水平，而产业类型的划分有很多标准，其中按资本劳动比可以把产业划分为资本密集型产业和劳动密集型产业。尹翔硕（2002）的研究发现资本密集型行业代表更高的技术水平。原毅军等（2012）的研究发现技术水平高的行业，其能源利用效率更高，污染排放相对更低。秦晓丽和于文超（2016）采用资本劳动比作为资本密集型产业的代理变量，发现资本劳动比越高，地区环境污染水平越低。因此，本书采用全社会每年固定资产投资总额与地区城镇单位就业人员之比，再取自然对数衡量资本劳动比，预期系数为负。

能源消耗（ln*en*）。环境污染主要是由于工业生产过程中消耗了大量的煤、石油、天然气等化石能源。郝宇等（2014）对能源消费和电力消费对环境污染的环境库兹涅茨曲线现象进行经验分析，发现能源消耗与环境污染之间存在显著的正向关系。当时对能源消耗的测度，大多采用对化石能源的消费量进行加权得到。但由于化石能源的种类不同，其污染排放也不同，而且同一种化石能源中，根据其纯度不同，其污染排放量也不同。所以采用化石能源的消费量进行加权有一定的局限性。董雨和马冰（2015）认为电力消费量，特别是工业用电量更能准确反映一个地区工业发展水平。因此，本书采用工业用电量代表能源消耗水平，并对其取自然对数，预期该系数为正。

（四）数据来源

本书构建了2000～2016年的市级面板数据，但由于部分年份指标的数据缺失，所以并不是一个平衡面板数据。$PM_{2.5}$数据来源于哥伦比亚大学社会经济数据和应用中心公布的卫星栅格数据。2000～2015 年的经济数据来源于《中国城市统计年鉴》。各变量的描述性统计信息如表 5－9 所示。

表 5－9　　　　主要变量的描述性统计

变量	具有环境非政府组织的地区（$ENGO=1$）			不具有环境非政府组织的地区（$ENGO=0$）		
	样本数	平均值	标准差	样本数	平均值	标准差
被解释变量						
$\ln api$	315	3.354	0.374	1333	3.402	0.313
$\ln PM_{2.5}$	604	3.555	0.485	3940	3.420	0.514
$\ln water$	564	9.032	1.144	3126	8.317	0.994
$\ln SO_2$	564	10.935	1.147	3127	10.557	0.991
$\ln dust$	564	10.008	1.219	3127	9.795	1.074
boot 处理率	564	0.955	0.103	3127	0.880	1.223
SO_2 去除率	564	0.585	0.369	3128	0.629	0.264
废水达标率	215	0.511	0.014	2044	0.536	0.059
控制变量						
$\ln pgdp$	604	7.804	1.001	3937	6.210	1.014
$\ln pgdp^2$	604	61.910	15.566	3937	39.592	12.514
indstr	485	49.829	9.807	2924	49.029	11.382
$\ln en$	563	12.623	2.306	3128	12.013	1.330
$\ln cap\_lab$	604	10.683	1.131	3940	9.187	1.311

资料来源：作者整理得到。

二、基准回归

根据（5－4）式，采用固定效应面板数据模型，考察环境非政府组织对各污染物的减排效应，表 5－10 汇报了相应的估计结果。各模型均控制了时间固定效应和地区固定效应，F 检验值均较大，五个模型均通过模型设定的检验。第（1）列为考察环境非政府组织对空气污染指数的影响，由于每年的样本不一样，所以只是部分城市数据进入模型，最后参与估计的样本数量为1215，远低于其他几个模型，但估计系数显著为负，系数为-0.063，说明当一个地区设立了环境非政府组织，会让该地区的API指数下降6.3%。从具有API数据的城市样本来看，ln*pgdp*及其平方项均不显著，并不存在环境库兹涅茨的现象；第二产业和资本劳动比对API的影响也不显著，但能源消耗对API具有显著的正向作用。

表5-10　　　　基准回归

解释变量	ln*api*	ln$PM_{2.5}$	ln*water*	lnSO_2	ln*dust*
	(1)	(2)	(3)	(4)	(5)
engo	-0.063*** (0.024)	-0.086*** (0.025)	-0.129*** (0.042)	-0.221*** (0.046)	-0.272*** (0.059)
ln*pgdp*	-0.075 (0.069)	0.397*** (0.066)	1.093*** (0.145)	0.353* (0.183)	0.447** (0.199)
ln$pgdp^2$	0.001 (0.005)	-0.007 (0.005)	-0.019* (0.011)	0.007 (0.014)	-0.009 (0.015)
indstr	-0.001 (0.001)	0.005*** (0.001)	0.005*** (0.002)	0.017*** (0.002)	0.009*** (0.002)
ln*en*	0.022*** (0.005)	0.004 (0.005)	0.097*** (0.013)	0.084*** (0.016)	0.091*** (0.017)
ln*cap_lab*	0.010 (0.013)	-0.210*** (0.016)	-0.097*** (0.025)	0.083*** (0.032)	-0.042 (0.036)
常数项	3.474*** (0.241)	2.768*** (0.243)	2.291*** (0.501)	5.545*** (0.648)	6.045*** (0.693)
样本数	1215	3407	3407	3407	3407
R^2	0.373	0.293	0.530	0.397	0.247
时间固定效应	Y	Y	Y	Y	Y
地区固定效应	Y	Y	Y	Y	Y
*F*检验	33.326 [0.000]	73.798 [0.000]	167.408 [0.000]	113.684 [0.000]	58.884 [0.000]

注：括号内的数值为稳健型标准误；中括号内是*P*值；*、**、***分别表示10%、5%、1%的显著性水平。

第（2）列汇报了环境非政府组织对雾霾污染的影响。环境非政府组织

的系数为 -0.086，高度显著为负，说明环境非政府组织的设立会显著降低一个地区的雾霾污染水平，相对于没有设立环境非政府组织的地区，设立环境非政府组织的地区会使得雾霾污染下降 8.6%。从样本期来看，ln*pgdp* 显著为正，二次项系数为负，但并不显著，说明从城市样本来看，还呈现经济水平显著决定雾霾污染的现象，经济水平越高，雾霾污染越严重，还没有进入环境库兹涅茨曲线的右半段。产业结构是另一个导致雾霾污染的主要因素。资本劳动比的提高会使雾霾污染显著降低，能源消耗对雾霾污染并无显著影响。

第（3）列～第（5）列汇报了环境非政府组织对工业废水、工业二氧化硫和工业烟尘等三个污染物排放量的影响。三个系数均显著为负，三个系数分别为 -0.129、-0.221、-0.272，说明与没有设立环境非政府组织的地区相比，设立了环境非政府组织的地区的工业废水排放量将下降 12.9%、工业二氧化硫排放量减少 22.1%、工业烟尘排放量将减少 27.2%。三个污染物排放与经济发展水平之间的关系，只有工业废水排放量呈现环境库兹涅茨曲线的特征，而其他两种污染物还处于经济发展水平越高，污染物排放越多的阶段。产业结构和能源消耗两种因素对三种污染物的排放量均有显著正向作用；劳动资本比对工业废水具有负向影响，但对工业二氧化硫具有正向作用，对工业烟尘排放量的影响不显著。

从五个模型的估计结果可以看出，环境非政府组织对两种空气污染物和三种工业污染物均有显著的负向影响，说明 DID 方法的估计，可以识别环境非政府组织与环境质量之间存在显著的负向影响。

三、内生性问题

同样采用第三节的方法，同时，考虑到各个城市级别受到北京的影响也是不一样的，本书将北京设为 1，其他省会城市和副省级城市全部设立为 0.8，其他城市设立为 0.5，于是得到以行政级别衡量的第二个工具变量（*xzjb*）。将两个工具变量相乘，得到本节所采用的工具变量（*iv*）。通过计算得出 *iv* 与 *engo* 两个变量的相关系数为 0.343，在 1% 以上的显著性水平下显著（见表 5-11）。

表 5－11　　工具变量回归

解释变量	ln*api*	ln$PM_{2.5}$	ln*water*	lnSO_2	ln*dust*
	(1)	(2)	(3)	(4)	(5)
engo	－0.966*** (0.367)	－3.252*** (1.188)	－5.226*** (1.594)	－10.466*** (2.858)	－12.528*** (3.416)
ln*pgdp*	0.583** (0.280)	－1.865*** (0.695)	3.017*** (0.933)	－5.222*** (1.673)	－6.219*** (2.000)
ln$pgdp^2$	－0.058** (0.024)	0.204*** (0.063)	－0.291*** (0.084)	0.525*** (0.151)	0.611*** (0.181)
indstr	0.002 (0.002)	－0.008* (0.005)	0.021*** (0.006)	－0.014 (0.011)	－0.027** (0.013)
ln*en*	0.020*** (0.007)	－0.017 (0.018)	0.123*** (0.024)	0.033 (0.043)	0.030 (0.051)
ln*cap_lab*	－0.076** (0.038)	0.153 (0.111)	－0.565*** (0.149)	0.977*** (0.267)	1.028*** (0.319)
常数项	3.023*** (0.593)	5.183*** (1.193)	－1.205 (1.600)	10.767*** (2.869)	13.633*** (3.429)
样本数	1215	3407	3407	3407	3407
Wald chi2 检验	239.74 [0.000]	123.18 [0.000]	838.26 [0.000]	145.23 [0.000]	67.20 [0.000]
时间固定效应	Y	Y	Y	Y	Y
城市固定效应	Y	Y	Y	Y	Y
第一阶段估计					
iv	－0.185*** (0.054)	－0.141*** (0.038)			
F 检验	11.887 [0.000]	13.761 [0.000]			
R^2	0.402	0.337			

注：括号内的数值为稳健型标准误；中括号内是 *P* 值；*、**、*** 分别表示 10%、5%、1% 的显著性水平。

由于工具变量是一个不随时间变化的变量，所以本书采用混合 OLS 的两阶段估计方法，并控制时间固定效应和城市固定效应。在第一阶段中，由于控制变量和被解释变量均不变，只是样本数在模型 1 与后面四个模型有差异，所以第一阶段只有两组估计结果。整体而言，F 均在 10 以上，说明模型通过工具变量的检验。从 R^2 的大小来看，工具变量对是否设立环境非政府组织的解释能力均在 30% 以上，说明模型设立是合理的。五个模型的估计结果显示，环境非政府组织对各个污染指标均具有显著的负向影响，但由于工具变量的作用，系数与基准回归有一定的变化，一方面说明工具变量的合理度量还是存在一定的问题；另一方面，由于工具变量不随时间变化，导致第一阶段的估计结果与 *engo* 的真实值有一些差异。其他控制变量的估计结果与基本回归有一定差异，但整体并没有较大的变化。

四、稳健性检验

采用一个地区是否有环境非政府组织度量 *engo*，存在一定的度量误差。首先，有一家环境非政府组织和有多家环境非政府组织对地区环境污染的影响是完全不一样的。因此，本节采用一个地区拥有的环境非政府组织家数作为核心解释变量（*engodata*）。

采用 *engodata* 作为 *engo* 替代变量，模型的估计不再是标准的 DID，但也属于一种变形的 DID。因此，估计结果的解释也与 DID 的估计结果类似（见表 5-12）。在第（1）列中，*engodata* 的系数为 -0.003，高度显著为负，说明当一个地区的环境非政府组织增加一个，则该地区的 API 指数将下降 0.3%；同样，第（2）列 *engodata* 的系数也显著为负，大小也为 -0.003，说明当一个地区的环境非政府组织增加一个，则该地区的 $PM_{2.5}$ 指数将下降 0.3%。经济发展水平与 API 指数之间并不呈现环境库兹涅茨曲线特征；产业结构也对 API 的影响并不显著，但能源消耗对 API 具有显著的正向影响；经济发展水平与 $PM_{2.5}$ 之间呈现一次项为正、二次项为负的倒 U 型曲线特征，说明中国部分地区的经济发展水平与 $PM_{2.5}$ 已进入负向影响阶段；产业结构对 $PM_{2.5}$ 还具有正向影响，资本劳动比有利于降低 $PM_{2.5}$。

表 5-12　　稳健性检验

解释变量	ln*api*	ln$PM_{2.5}$	ln*water*	lnSO_2	ln*dust*
	(1)	(2)	(3)	(4)	(5)
engodata	-0.003*** (0.001)	-0.003*** (0.001)	-0.016*** (0.005)	-0.022*** (0.008)	-0.008*** (0.001)
ln*pgdp*	-0.102 (0.072)	0.498*** (0.070)	1.030*** (0.146)	1.172*** (0.280)	1.142*** (0.333)
ln$pgdp^2$	0.002 (0.005)	-0.013** (0.005)	-0.017 (0.011)	-0.086*** (0.019)	-0.072*** (0.022)
indstr	-0.001 (0.001)	0.006*** (0.001)	0.003** (0.002)	0.003 (0.004)	0.000 (0.005)
ln*en*	0.021*** (0.005)	0.001 (0.006)	0.095*** (0.013)	0.047 (0.029)	0.023 (0.051)
ln*cap_lab*	0.005 (0.013)	-0.217*** (0.016)	-0.106*** (0.025)	-0.107*** (0.040)	-0.235*** (0.066)
常数项	3.600*** (0.259)	2.526*** (0.256)	2.601*** (0.516)	6.777*** (1.021)	7.215*** (1.372)
样本数	1215	3407	3407	3407	3407
R^2	0.361	0.261	0.523	0.124	0.136
时间固定效应	Y	Y	Y	Y	Y
地区固定效应	Y	Y	Y	Y	Y
F 检验	35.341 [0.000]	65.240 [0.000]	175.740 [0.000]	21.287 [0.000]	21.062 [0.000]

注：括号内的数值为稳健型标准误；中括号内是 *P* 值；**、*** 分别表示 5%、1% 的显著性水平。

第（3）列～第（5）列分别考察 *engodata* 对工业废水、工业二氧化硫和工业烟尘的排放量影响，结果三个系数均显著为负，系数分别为 -0.016、-0.022、-0.008，说明平均意义上，每个地区每增加一个环境非政府组织，工业废水排放量将下降 1.6%；工业二氧化硫排放量将下降 2.2%；工业烟尘排放量将下降 0.8%。三种污染物排放与经济发展水平之间基本呈现倒 U 型环境库兹涅茨的关系。产业结构、能源消耗对工业废水具有正向影响；资本劳动比对三种污染物均具有显著的负向影响。

表5－13汇报了采用工具变量的稳健性检验结果。第一阶段的估计结果显示 F 检验均远大于10，说明工具变量是合理的。R^2 也较高，达到0.387和0.476，说明第一阶段模型的解释能力达到40%以上。第（1）列和第（2）列，*engodata* 对API和 $PM_{2.5}$ 的回归系数分别为－0.032和－0.167，均高度显著，说明平均意义上，一个城市增加一个环境非政府组织，将会降低3.2%的API和16.7%的 $PM_{2.5}$。对API而言，经济发展水平与其呈现U型曲线关系，但经济发展水平与 $PM_{2.5}$ 呈现倒U型环境库兹涅茨的曲线关系。能源消耗对两种空气污染物均具有正向影响；产业结构对API具有负向影响，但对 $PM_{2.5}$ 具有正向影响。

表5－13　　稳健性检验（工具变量估计）

解释变量	ln*api*	ln$PM_{2.5}$	ln*water*	lnSO_2	ln*dust*
	(1)	(2)	(3)	(4)	(5)
engodata	－0.032*** (0.008)	－0.167*** (0.019)	－0.205*** (0.030)	－0.411*** (0.041)	－0.492*** (0.049)
ln*pgdp*	－0.344*** (0.102)	1.212*** (0.119)	0.235 (0.183)	2.353*** (0.250)	2.848*** (0.302)
ln$pgdp^2$	0.022*** (0.008)	－0.076*** (0.010)	0.054*** (0.015)	－0.165*** (0.020)	－0.214*** (0.024)
indstr	－0.002*** (0.001)	0.008*** (0.001)	0.001 (0.002)	0.026*** (0.002)	0.021*** (0.003)
ln*en*	0.010* (0.006)	0.062*** (0.010)	0.027* (0.015)	0.226*** (0.021)	0.261*** (0.025)
ln*cap_lab*	－0.001 (0.013)	－0.248*** (0.017)	－0.071*** (0.026)	－0.012 (0.036)	－0.155*** (0.043)
常数项	6.277*** (0.436)	－1.675*** (0.646)	7.224*** (0.990)	－6.114*** (1.351)	－6.574*** (1.634)
样本数	1215	3407	3407	3407	3407
R^2	0.369	0.291	0.529	0.392	0.242
Wald chi2 检验	628.42 [0.000]	878.10 [0.000]	3121.50 [0.000]	1199.12 [0.000]	555.38 [0.000]

续表

解释变量	ln*api*	ln$PM_{2.5}$	ln*water*	lnSO_2	ln*dust*
	(1)	(2)	(3)	(4)	(5)
第一阶段估计					
iv	-0.185*** (0.054)		-0.141*** (0.038)		
F 检验	146.164 [0.000]		243.032 [0.000]		
R^2	0.476		0.387		

注：括号内的数值为稳健型标准误；中括号内是 *P* 值；*、**、*** 分别表示 10%、5%、1% 的显著性水平；第一、第二阶段均控制了时间固定效应和地区固定效应。

第（3）列~第（5）列分别考察 *engodata* 对工业三废的影响。三个系数均显著为负，说明环境非政府组织的确对工业废水具有显著的减排效应。这与前面的估计结果是一致的，说明工具变量的估计结果是稳健的。经济发展水平，除了工业废水排放量之外，与工业二氧化硫和工业烟尘排放量之间均呈现倒 U 型的环境库兹涅茨曲线特征；第二产业结构对三废的影响均为正，但后两个显著为正。能源消耗对三种污染物均为正向影响；资本劳动比对三种污染物均具有减排效应，但对工业废水和工业烟尘具有显著的负向影响。

五、进一步分析

前文从地级城市层面对环境非政府组织与各种污染物排放之间的相互关系进行了详细的研究，得到环境非政府组织与各种污染物之间存在因果关系，但是并不知道这种因果关系是如何产生的，具体通过什么途径实现的？因此，本部分将进一步讨论这个问题。对于污染物的减排效应，本书需要回归到污染物产生量来看。统计数据显示，每种污染物均有一个产生量和排放量，本书通过查阅数据，获得工业烟尘的产生量和排放量，通过处理之后，得到工业烟尘的处理率；由工业二氧化硫的产生量和排放量获得工业二氧化硫的去除率；还有工业废水排放的达标率。其中工业烟尘处理率和工业二氧化硫去除率的数据时间周期为 2003~2016 年；工业废水排放达标率的数据周期为 2003 ~ 2010 年。

表 5 - 14 汇报了具体的机制检验结果。第（1）列和第（2）列分别考察有无环境非政府组织和环境非政府组织的数量对工业烟尘处理率的影响，结果发现两个系数均显著为正，系数分别为 0.014 和 0.006，说明当一个地区从没有环境非政府组织到有环境非政府组织，工业烟尘处理率将提高 1.4%；当一个地区增加一家环境非政府组织，工业烟尘处理率将提高 0.6%。第（3）列和第（4）列的估计结果显示，环境非政府组织对工业二氧化硫去除率具有显著促进作用，说明当一个地区从没有环境非政府组织到有环境非政府组织，工业二氧化硫去除率将提高 12.3%；当一个地区增加一家环境非政府组织，工业二氧化硫去除率将提高 1.3%。第（5）列和第（6）列的估计结果显示，环境非政府组织对废水达标率具有显著促进作用，但是系数相对较低，当一个地区从没有环境非政府组织到有环境非政府组织，或者增加一家环境非政府组织，废水达标率将提高 0.2% 和 0.1%。由于其他控制并不全是影响被解释变量，所以大多数的系数并不显著。

表 5 - 14　　　　机制检验

解释变量	工业烟尘处理率		工业二氧化硫去除率		废水达标率	
	（1）	（2）	（3）	（4）	（5）	（6）
engo	0.014*** （0.006）		0.123*** （0.031）		0.002*** （0.000）	
engodata		0.006*** （0.002）		0.013* （0.007）		0.001*** （0.000）
ln*pgdp*	0.031 （0.101）	0.047 （0.110）	-0.145 （0.123）	-0.143 （0.128）	-0.083*** （0.024）	-0.084*** （0.025）
ln$pgdp^2$	-0.001 （0.008）	-0.002 （0.008）	0.003 （0.008）	0.004 （0.008）	0.007*** （0.002）	0.007*** （0.002）
indstr	0.002* （0.001）	0.002** （0.001）	-0.001 （0.002）	-0.001 （0.002）	-0.000 （0.000）	-0.000 （0.000）
ln*en*	0.020*** （0.005）	0.022*** （0.006）	-0.009 （0.017）	-0.009 （0.017）	-0.002 （0.003）	-0.002 （0.003）

续表

解释变量	工业烟尘处理率		工业二氧化硫去除率		废水达标率	
	(1)	(2)	(3)	(4)	(5)	(6)
ln*cap_lab*	0.014 (0.016)	0.014 (0.015)	-0.012 (0.022)	-0.010 (0.022)	-0.006 (0.004)	-0.006* (0.004)
常数项	0.281 (0.369)	0.211 (0.381)	1.726*** (0.520)	1.683*** (0.547)	0.869*** (0.095)	0.874*** (0.097)
样本数	3407	3407	3407	3407	2256	2256
R^2	0.053	0.054	0.183	0.177	0.100	0.100
时间固定效应	Y	Y	Y	Y	Y	Y
地区固定效应	Y	Y	Y	Y	Y	Y
F/卡方检验	175.92 [0.000]	182.02 [0.000]	36.089 [0.000]	33.620 [0.000]	9.650 [0.000]	9.691 [0.000]

注：括号内的数值为稳健型标准误；中括号内是 *P* 值；*、**、*** 分别表示 10%、5%、1% 的显著性水平。

第五节　小　　结

本章通过手工收集数据的方式，获得每个省、每个城市历年是否拥有环境非政府组织、拥有环境非政府组织的数量、拥有环境非政府组织从业人数三个指标，重点考察环境非政府组织对环境污染的减排效应，用于验证假说1是否在中国成立，主要得到以下结论：

第一，从省级层面上，考察环境非政府组织对每种环境污染物排放量具有显著的负向影响，说明在省级层面，环境非政府组织具有环境治理的减排效应，在中国省级层面上验证了假说1。采用一系列稳健性检验之后，环境非政府组织的环境治理效应依然存在。为了克服内生性问题，采用工具变量进行估计后，环境非政府组织的环境治理效应仍然成立。机制研究发现，环境非政府组织对环境污染治理投资、城市环境基础设施建设投资、工业污染源治理投资、“三同时”环保投资、环境污染治理投资总额占 GDP 比重等均具有显著的正向影响，说明环境非政府组织是通过促进省级的环境投资，进而改善环境。

第二，从城市层面上，环境非政府组织对空气污染、API、三废排放量均具有显著的负向影响，在中国城市层面上验证了假说 1。通过稳健性检验和工具变量克服内生性问题后，结论仍然成立。机制研究发现，环境非政府组织对工业烟尘处理率、工业二氧化硫去除率、废水达标率等均具有显著的正向影响，说明环境非政府组织可以改善环境质量，对环境治理具有直接影响。

| 第六章 |

环境非政府组织的产业转移效应：基于中国的经验研究

第一节　引　　言

在环境经济学的研究领域中，有一类重要的文献是研究“污染避难所”（pollution havens）的，主要研究结论为贸易自由化背景下，外商直接投资的区位选择趋向于一些环境污染规制较弱的地区（Mani and Wheeler，1998；Ederington et al.，2004；Poelhekke and Van der Ploeg，2015；Martínez-Zarzoso et al.，2017）。随着环境经济学领域的不断拓展，在环境规制约束下，不仅仅是FDI需要进行区位选择，污染企业或者污染产业也需要进行区位选择（Millimet and Roy，2016；Dechezleprêtre and Sato，2017）。已有大量研究显示在中国也存在FDI的“污染避难所”现象（张可云和傅帅雄，2011；周长富等，2016），也有文献针对污染企业和污染产业的“污染避难所”问题展开研究（周沂等，2015；彭峰和周淑贞，2017）。环境规制可以分为正式的环境规制和非正式的环境规制（张平和张鹏鹏，2016），针对正式的环境规制与“污染避难所”假说的研究较多（王艳丽和钟奥，2016；张成等，2017），这些研究发现污染产业和污染企业的确存在向环境规制弱以及中西部地区转移的倾向，邻近地区环境规制加强会让邻近的污染企业转移到本地，从而加重本地区的环境污染（沈坤荣等，2017）。但探究非正式的环境规制下“污染避难所”假说是否成立的相关研究较少。环境非政府组织作为一种非正式的环境规制，直接对污染企业或者污染产业产生影响，其环境活动会直接影响到污染企业的经营状态和存活可能，但目前文献中，还没有此类研究。

第四章和第五章分别从国际、省级和市级三个层面考察 ENGO 的减排效应，用于验证假说 1。即环境非政府组织在环境治理过程中的确有降低环境污染水平，达到环境治理的目的。本章将继续讨论环境非政府组织的发展程度是否对一个地区的产业结构产生影响。具体来说，当一个地区的环境非政府组织得到快速发展，对环境非政府组织所在地区的环境污染企业或者污染产业的污染行为不断进行披露和报道，会让这些企业或者产业在一个地方的生存受到影响，那么这些企业或者产业将何去何从，是否会转移到其他地区？环境非政府组织在环境治理中是否存在产业转移效应？

第二节　实证策略

一、计量模型

根据假说 2，结合第五章的识别方法，将环境非政府组织在一个地区出现看成是一个准自然实验，被解释变量为受到环境非政府组织影响的污染产业发展水平，核心解释变量为该地区拥有的环境非政府组织数量（*engodata*）和所有的环境非政府组织的从业人员数量（*engopop*），具体的计量模型如下：

$$poll\_loc_{it} = \alpha_0 + \beta \times engodata_{it} + Z \times \gamma + \mu_i + \upsilon_t + \xi_{it} \tag{6-1}$$

$$poll\_loc_{it} = \alpha_0 + \beta \times engopop_{it} + Z \times \gamma + \mu_i + \upsilon_t + \xi_{it} \tag{6-2}$$

其中，$poll_loc_{it}$为第 i 地区第 t 年的全部污染产业发展水平，此处用区位熵表示；*engodata* 和 *engopop* 分别代表该地区拥有的环境非政府组织数量和所有的环境非政府组织的从业人员数量，Z 为影响污染产业区位熵的其他控制变量，为了确保分析结果的一致性，本节采用的所有控制变量与第五章第三节所采用的控制变量基本一致。γ 为相应的系数矩阵；ξ 为随机干扰项，μ 和 υ 分别用于捕捉那些随地区变化和随时间变化的因素，即为地区固定效应和时间固定效应。

由于环境非政府组织与污染产业区位熵之间的关系较为间接，并且基于第五章研究的环境非政府组织对环境治理投资产生的影响，这个投资主要包括两方面，一是政府在环境治理方面的投资；二是政府要求企业在环境治理方面的投资。环境非政府组织对污染产业治理投资影响是直接的，因此，本书引入环境非政府组织与环境治理投资的交互项，考察环境非政府组织对污染产业转移是否通过环境治理投资起作用，计量模型设定如下：

$$poll\_loc_{it} = \alpha_0 + \beta engodata_{it} + \varphi Env\_I_{it} + Z \times \gamma + \phi engodata_{it} \times Env\_I_{it} + \mu_i + \upsilon_t + \xi_{it} \quad (6-3)$$

$$poll\_loc_{it} = \alpha_0 + \beta engopop_{it} + \varphi Env\_I_{it} + Z \times \gamma + \varphi engopop_{it} \times Env\_I_{it} + \mu_i + \upsilon_t + \xi_{it} \quad (6-4)$$

上述两个模型重点关心的系数为 ϕ，若 ϕ 显著为负，说明环境非政府组织的确通过环境治理投资降低了该地区的污染产业区位熵，可以间接验证产业转移效应和产业升级效应。需要注意的是，环境治理投资，还是采用“环境污染治理投资总额”“城市环境基础设施建设投资”“工业污染源治理投资”“建设项目‘三同时’环保投资”“环境污染治理投资总额占 GDP 比重（%）”等指标衡量。

二、污染产业的界定

研究污染产业转移，大多研究主要关注的是污染产业的相关数据，但是哪些产业属于污染产业是本问题研究的第一步。根据不同的划分标准，学术界对污染产业的划分存在差异，国外主要有以下三类划分方法。

第一类，环境成本分类法。格罗斯曼和克鲁格（Grossman and Krueger，1995；2000）认为计算每个产业的污染减排成本是非常困难的，可以计算每个产业治理污染的成本，并计算治理污染成本与总附加值之比，进而确定是否为污染产业。洛伊和叶慈（Low and Yeats，1992）认为治理污染成本与总销售额之比更容易测算，并以此为依据确定污染产业。托比（Tobey，2010）利用此方法将造纸业、采掘业、有色金属、钢铁业和化学工业等五个产业归于污染产业。具体做法是测算各产业的污染减排成本与生产总成本之比，并通过经验研究将这个比例确定为1.85%，如果这个比例大于1.85%则认定为污染产业；反之则不是污染产业。这种方法针对整个国家是适用的，但是针对地区来说，由于地区产业结构并不一定完善，所以这种方法很难在地区层面适用。

第二类，污染损害分类法。这种方法是将每个产业对自然生态和公众健康损害的影响程度作为判断标准，如果对自然生态和公众的健康具有较大损害则归类于污染产业；反之则不是污染产业。根据麦克奎尔（McGuire，1982）的研究，最后将采矿业、食品制造业、烟草及饮料制造业、纺织业（包括服装、鞋、帽制造业）、皮毛皮革制品业、造纸及纸制品业等 17 大类产业划为污染产业。

第三类，污染强度分类法。该方法由世界银行于 1994 年开发，主要用于评价产业污染状况，并将它称为工业污染评估系统（industrial pollution projection system，IPPS），是当前世界上最成熟、使用最多的污染产业划分标准。该方法根据国际行业分析标准，测算出每一个细分行业（四位码）的四类污染物排放强度，并将其作为判断污染产业的标准，如果超过临界值则认为是污染产业，否则不是污染产业。曼尼和维勒（Mani and Wheeler，1998）将该方法运用到美国的污染产业分类研究，最后将造纸业、钢铁制造业、化学工业、有色金属制造业和非金属矿物制造业确定为污染密集型产业。

由于中国的行业分类目录与其他国家有一定区别，有些学者提出适用于我国的分类标准和分类结果。在借鉴大冢等（Otsuki et al.，2001）、傅京燕和李丽莎（2010）的研究基础上，徐敏燕和左和平（2013）根据中国 20 个两位数制造业的污染密度及均值，将 20 个制造业分为轻度污染产业、中度污染产业和重度污染产业（见表 6 - 1）。赵细康和王彦斐（2016）在借鉴已有研究成果的基础上对广东的产业转移进行研究，并将两位数的制造业进行了污染产业划分。

在国家的政策层面，国务院在 2006 年出台的《第一次全国污染源普查方案》中，将污染源分为工业污染源、农业面源污染源、生活污染源和集中式污染治理污染源。其中，工业污染源来自除了建筑业以外的所有第二产业，可以划分为重点污染源和一般污染源。

结合国际标准和中国已有的研究成果，本书将采矿业、造纸及纸制品制造业、化学纤维制造业、非金属矿物制品制造业、黑色金属冶炼和压延加工制造业，以及电力、热力生产和供应业等六大类产业作为考察对象。选择标准如下：本书考察的是环境非政府组织的环境治理作用，需要考虑这些产业的污染行为是否容易被观察，而并不看重这些污染产业的污染成本、污染损害和污染强度；采矿业的主要污染物为采矿过程中产生的废渣，由于经常随意堆放，导致环境问题，环境非政府组织可以很容易观察到。需要指出的是，这里的采矿业包括采矿业下属的所有细分行业。造纸与纸制品制造业、化学纤维制造业是最为传统的污染产业，会造成大量的污水污染，产生异味，一直是环境非政府组织重点关注的行业；化学纤维制造业、非金属矿物制品制造业、黑色金属冶炼和压延加工制造业 3 个产业作为重工业的代表，污染排放物对空气、水、土壤均产生了极大的危害，一直是环境非政府组织关注的重点污染产业；电力、热力生产和供应业，主要指火电厂和供暖企业，它们的燃料主要是煤，因此也是环境非政府组织重点关注的产业。

表 6－1　污染行业分类

作者	产业
徐敏燕和左和平（2013）	（1）重度污染产业：造纸及纸制品业、非金属矿物制品业、黑色金属冶炼及压延加工业、有色金属冶炼及压延加工业、化学原料及化学制品制造业、石油加工及炼焦业、纺织业；（2）中度污染产业：食品制造业、饮料制造业、烟草加工业、皮革、毛皮、羽绒及其制品业、木材加工及竹藤棕草制品、家具制造业、橡胶制品业、交通运输设备制造业；（3）轻度污染产业：印刷业和记录媒介的复制、塑料制品业、纺织服装制造业、金属制品业、电气机械及器材制造业
赵细康和王彦斐（2016）	黑色金属矿采选业、非金属矿采选业、农副食品加工业、纺织业、皮革、毛皮、羽绒及其制品业、造纸及纸制品业、非金属矿物制品业、金属制品业、电力、热力的生产和供应业
国家标准（2006）	（1）有重金属、危险废物、放射性物质排放的所有产业活动单位；（2）11 个重污染行业；（3）16 个重点行业
本书的划分	采矿业、造纸及纸制品制造业、化学纤维制造业、非金属矿物制品制造业、黑色金属冶炼和压延加工制造业，以及电力、热力生产和供应业

资料来源：根据相关资料整理得到。

三、污染产业的区位熵

现有研究已广泛验证了中国存在“污染避难所”现象，特别是将环境规制与污染产业结合起来的研究明显发现污染产业存在向环境规制弱以及中西部地区转移，邻近地区环境规制加强会增加本地区的污染产业等证据。但是，针对环境非政府组织的产业转移效应还没有引起学术界的关注。前文对环境非政府组织所关注的污染产业进行界定，这里重点介绍污染产业的产业转移指标。已有研究将一个地区污染产业的产值区位熵（徐敏燕和左和平，2013）、一个地区的污染产业产值占全国的比重等作为衡量污染产业重要程度的指标（张彩云等，2015），赵细康和王彦斐（2016）用一个地区污染产业的增速与该污染产业全社会平均增速的比值，任小静等（2018）则用一个地区的污染产业产值增长率作为污染产业的综合竞争力指标。这些指标都能在一定程度上反映一个地区某污染产业的发展水平，但是与本书的研究还是有一定的差异。本书关心的是环境非政府组织的发展是否导致污染产业转移，采用产业产值的比重或增长率，并不能反映这些产业是否真正转移了。因此，采用各污染产业的就业区位熵来表示，具体公式如下：

$$poll\_loc_{ij} = \frac{worker_{ij}}{worker_j} \Big/ \frac{worker_{in}}{worker_n} (i = 1, 2, \cdots, 6) \qquad (6-5)$$

其中，i 代表行业（本书指六个污染产业），j 代表地区（本书指省），n 代表国家，$worker$ 代表就业人数，$poll\_loc$ 为基于就业的区位熵，（6－5）式表示某省某污染产业的区位熵等于该省这个污染产业的就业人数占全省总就业人数的比重，与该污染产业全国的就业人数占全国总就业人数比重的比，代表某个省某个污染产业的就业比重与全国整体比重的相对情况。如果该区位熵大于1，说明该产业在这个省处于较为重要的地位；如果小于1，说明该产业与全国平均水平相比不占优势。

由于本书重点考察六个污染产业，因此，将六个污染产业的就业人数加总，得到该省污染产业的总就业人数。公式如下：

$$poll\_Loc_j = \frac{\sum_{i=1}^{6} worker_{ij}}{worker_j} \Bigg/ \frac{\sum_{i=1}^{6} worker_{in}}{worker_n} \qquad (6-6)$$

总区位熵并非是六个污染产业的区位熵的加总，而是通过总污染产业的就业人数占全省的就业比重，与全国污染产业总就业人数占全国的就业比重的比来衡量。

目前，学术界采用区位熵衡量一个地区一个产业发展的相对水平被广泛运用，刘洪斌（2009）利用区位熵作为地区支柱产业的选择标准，孙超平等（2013）、伍骏骞等（2018）利用区位熵作为产业集聚度的指标。本书采用区位熵作为一个省的某个污染产业在全国的优势程度，可以代表该产业的地方支柱产业地位，如果该产业的区位熵下降，说明这个产业在这个地区支柱产业地位下降，可以理解为这个产业在向其他地区转移。而且由于本书采用的是就业比重衡量的区位熵，与产值衡量的区位熵相比，如果区位熵的数值下降，还说明这个产业的就业不占优势，可能有两个方面的原因：第一，这个产业从这个地区转移出去了，从而使得就业区位熵下降；第二，该产业采用更为高端的生产技术，导致所使用的劳动力下降，或者劳动力转移到其他行业。一般来说，污染产业大多是劳动密集型产业，所以采用就业比重计算区位熵可以间接检验就业效应和产业转移效应。

四、控制变量与数据来源

本部分的变量主要包括三个方面：

被解释变量包括两个，即一个地区六个分污染产业的就业区位熵和一个地区六个总污染产业的就业总区位熵；核心解释变量采用一个地区非政府组织的数量和从业人员，数量并非每个地区每个时间均有非政府组织，所以采用该指标进行估计时借鉴了连续型 DID 的思想对模型进行估计。需要特别说明的是，各地区环境非政府组织发展差异较大，本部分的处理是每个数据加 1 之后取对数。控制变量与第五章第三节的控制变量基本一致。机制检验变量采用“环境污染治理投资总额”“城市环境基础设施建设投资”“工业污染源治理投资”“建设项目‘三同时’环保投资”“环境污染治理投资总额占 GDP 比重（%）”。上述变量的数据主要来自《中国环境统计年鉴》，年份为 2003～2016 年；就业数据主要来自《中国劳动统计年鉴》，时间为 2000～2016 年；其他控制变量均来自《中国统计年鉴》《中国区域经济统计年鉴》；部分数据缺失采用插值法进行处理，但缺失严重的地区，本书采用缺失值处理。由于制造业分行业的就业数据只有省级层面数据，所以本书以中国内地 31 个省份作为研究区域，研究周期分别为 2000～2016 年和 2003～2016 年。表 6－2 为被解释变量的描述性统计。

表 6－2　　被解释变量的描述性统计

变量	样本数	平均值	标准误	最小值	最大值
poll_loc	527	1.067	0.544	0.003	3.128
*poll_loc*1	527	1.078	0.961	0.002	7.709
*poll_loc*2	510	0.928	0.740	0.005	5.439
*poll_loc*3	493	0.840	0.887	0.000	3.831
*poll_loc*4	527	0.967	0.342	0.043	2.619
*poll_loc*5	510	1.060	0.756	0.012	6.985
*poll_loc*6	527	1.172	0.747	0.185	10.348

注：*poll_loc* 代表污染产业的总区位熵，*poll_loc*1－*poll_loc*6 分别代表采矿业、造纸及纸制品业、化学纤维制造业、非金属矿物制品制造业、黑色金属冶炼和压延加工制造业，以及电力、热力生产和供应业的区位熵。由于核心解释变量、控制变量与机制变量与第五章第三节的一致，此处不再对两类变量的数据进行描述性分析。

第三节　实证结果讨论

一、基准回归

根据（6－1）式和（6－2）式，本书得到表6－3的基准回归估计结果。四列均采用控制了时间因素的固定效应模型进行估计，四个模型的 F 检验值均大于3，说明四个模型均通过1%以上的显著性检验。第（1）列和第（2）列分别在不控制和控制其他因素下，考察环境非政府组织的数量对污染产业总区位熵的影响。估计结果显示，在控制了地区固定效应和时间固定效应之后，不管考虑其他控制变量与否，核心解释变量 ln*engodata* 的系数均显著为负，系数分别为－0.014 和－0.012，说明当ENGO的机构数量每提高一个百分点，总污染产业的区位熵将下降0.012～0.014，由于区位熵是一个大于或者小于1的数据，所以0.012的变化相对来说也是非常大的，说明环境非政府组织的确有降低污染产业地位的作用。第（3）列和第（4）列考察了环境非政府组织从业人员对污染产业地位的影响。结果发现，不考虑其他因素，在控制地区固定效应和时间固定效应之后，核心解释变量的系数均显著为负，两个模型的系数大小基本没有变化，均为 -0.028，说明提高非政府组织从业人员的数量，可以显著降低污染产业的地位。四个模型验证了“污染避难所”的假说，即污染产业会向环境规制弱的地方转移，而从本书的考察内容来看，污染产业会向非政府组织发展较弱的地区集聚，而在环境非政府组织发展较为成熟的地区，污染产业的产业地位会显著降低，假说 2 得以验证。

表 6-3　　基准回归

解释变量	被解释变量：*poll_loc*			
	(1)	(2)	(3)	(4)
ln*engodata*	-0.014*** (0.004)	-0.012*** (0.004)		
ln*engopop*			-0.028*** (0.008)	-0.028*** (0.008)
ln*pgdp*		0.613** (0.242)		0.644*** (0.237)
ln$pgdp^2$		-0.039*** (0.009)		-0.039*** (0.009)
indstr		-0.008* (0.004)		-0.009** (0.004)
ln*cap_lab*		0.090* (0.052)		0.102** (0.052)
fdi		-0.021*** (0.008)		-0.021*** (0.008)
ln*den*		0.172 (0.211)		0.194 (0.211)
en		-2.498*** (0.588)		-2.504*** (0.584)
常数项	0.992*** (0.048)	-1.636 (1.784)	0.997*** (0.048)	-1.903 (1.761)
N	527	527	527	527

续表

解释变量	被解释变量：*poll_loc*			
	（1）	（2）	（3）	（4）
地区固定效应	Y	Y	Y	Y
时间固定效应	Y	Y	Y	Y
F 检验值	3.571 [0.000]	5.286 [0.000]	3.665 [0.000]	5.527 [0.000]
R^2	0.112	0.212	0.115	0.219

注：括号内的数值为稳健型标准误；中括号内是 *P* 值；*、**、*** 分别表示 10%、5%、1% 的显著性水平。

从控制变量的估计结果来看，采用污染产业区位熵作为被解释变量时，整体经济发展水平对污染产业区位熵的影响呈现倒 U 型的环境库兹涅茨特征。随着经济发展水平的提高，污染产业在一个地区的区位熵会先上升后下降，说明发展之初产业并没有选择性，会导致污染产业的比重不断上升，环境趋于恶化；但随着经济发展水平的提高，对环境的要求不断提高，环境规制不断提高，污染产业的地位将会不断下降。第二产业的比重上升会显著降低污染产业的区位熵，其原因在于第二产业的比重上升，主要来自一些非污染产业的比重提高，也代表一个地区的产业结构高级化，从而会导致污染产业的比重下降。劳动资本比代表产业类型，当劳动资本比上升，说明产业偏向资本密集型，用机器代替人，从而使用更多能源，产生更多污染。外商投资比重的上升，会显著降低污染产业的区位熵，其原因是地区对引进的外商投资会进行一定的筛选，从而引进一些较为清洁的外商投资，从而会降低污染产业的地位。工业用电比重会显著降低污染产业比重，其原因是电力的使用，说明机器代替人工，从而转向更为高级的产业，污染产业的地位就会下降。人口密度与污染产业区位熵之间无显著的影响关系。

二、分地区检验

由于中国地域广阔，各个地区的发展程度不同，导致地区差异明显。同时，环境非政府组织的发展也存在显著差异，因此，对区域污染产业的区位熵的影响也存在一定的异质性。

按照一般口径划分，将辽宁省、北京市、天津市、河北省、山东省、江苏省、上海市、浙江省、福建省、广东省和海南省 11 个省份作为东部地区，其他 20 个省份作为中西部地区。表 6－4 汇报了分地区的估计结果。第（1）列和第（2）列考察东部地区内的影响，结果显示，两个系数均显著为正，说明环境非政府组织对东部地区的污染产业具有挤出效应，使东部地区的污染产业的总区位熵下降。第（3）例和第（4）列考察环境非政府组织对中西部地区污染产业的影响，两个模型的估计结果与前两个模型不同，系数均不显著，说明在中西部地区，环境非政府组织并不能显著降低污染产业的区位熵。其原因是，东部地区的环境非政府组织发展较为成熟，将污染产业挤出，但这些产业总有一个去处，中西部地区就成了这些产业的接收地。在东部地区，经济发展水平与污染产业的区位熵之间呈现显著的倒 U 型关系；在中西部地区有倒 U 型关系，但并不显著。其他控制变量有些变量并不显著，但系数符号与基准回归基本一致。

表 6－4　　分地区检验

解释变量	被解释变量：*poll_loc*			
	东部		中西部	
	（1）	（2）	（3）	（4）
ln*engodata*	−0.008** (0.003)		0.010 (0.016)	
ln*engopop*		−0.016** (0.006)		−0.031 (0.033)
ln*pgdp*	1.089*** (0.295)	1.187*** (0.287)	0.402 (0.355)	0.246 (0.356)
ln*pgdp*^{2}	−0.048*** (0.013)	−0.051*** (0.013)	−0.021 (0.014)	−0.013 (0.013)
indstr	0.003 (0.006)	0.001 (0.006)	−0.016*** (0.006)	−0.016*** (0.006)
ln*cap_lab*	0.047 (0.048)	0.063 (0.049)	0.151 (0.098)	0.118 (0.101)
fdi	−0.004 (0.011)	−0.005 (0.011)	−0.019 (0.013)	−0.022* (0.012)

续表

解释变量	被解释变量：*poll_loc*			
	东部		中西部	
	（1）	（2）	（3）	（4）
ln*den*	-0.061 （0.181）	-0.069 （0.180）	0.924** （0.464）	0.941** （0.464）
en	0.947 （1.669）	0.682 （1.678）	-2.753*** （0.731）	-3.016*** （0.742）
常数项	-3.703** （2.162）	-5.113** （2.126）	-3.029 （2.821）	-3.320 （2.790）
N	187	187	340	340
地区固定效应	Y	Y	Y	Y
时间固定效应	Y	Y	Y	Y
F 检验值	3.415 [0.000]	3.459 [0.000]	3.660 [0.000]	3.686 [0.000]
R^2	0.350	0.353	0.274	0.275

注：括号内的数值为稳健型标准误；中括号内是 *P* 值；*、**、*** 分别表示 10%、5%、1% 的显著性水平。

三、稳健性检验

采用省级数据时，有部分省份数据缺失严重。同时，这些省份的污染产业就业人数非常少，这些因素均会导致估计结果不准确。因此，这部分的稳健性检验策略是将西藏、青海、新疆和内蒙古四个省份的样本删掉之后，重新进行估计。表 6-5 汇报了全样本和分样本的估计结果。前三列为环境非政府组织数量的影响，在全样本和东部地区，系数均显著为负，系数相比基准回归的系数有一定的下降，说明估计结果受到删除样本的影响；在中西部地区分样本中，估计系数为正，但不显著。再次验证了在全样本和东部地区，环境非政府组织对污染产业具有挤出效应，但在中西部地区却不存在，说明中西部地区成为了“污染避难所”。

表 6 – 5　　稳健性检验

解释变量	被解释变量：*poll_loc*					
	全样本	东部	中西部	全样本	东部	中西部
	(1)	(2)	(3)	(4)	(5)	(6)
ln*engodata*	−0.009** (0.004)	−0.008** (0.003)	0.040 (0.035)			
ln*engopop*				−0.016** (0.006)	−0.021*** (0.007)	0.028 (0.032)
ln*pgdp*	0.773*** (0.279)	1.089*** (0.295)	0.489 (0.467)	1.187*** (0.287)	0.815*** (0.273)	0.317 (0.469)
$\ln pgdp^2$	−0.057*** (0.011)	−0.048*** (0.013)	−0.042** (0.021)	−0.051*** (0.013)	−0.058*** (0.011)	−0.028 (0.021)
indstr	−0.003 (0.004)	0.003 (0.006)	−0.009 (0.007)	0.001 (0.006)	−0.004 (0.004)	−0.011 (0.007)
ln*cap_lab*	0.075 (0.048)	0.047 (0.048)	0.116 (0.093)	0.063 (0.049)	0.085* (0.048)	0.108 (0.098)
fdi	−0.016** (0.007)	−0.004 (0.011)	0.003 (0.012)	−0.005 (0.011)	−0.016** (0.007)	−0.004 (0.012)
ln*den*	0.108 (0.196)	−0.061 (0.181)	1.010** (0.464)	−0.069 (0.180)	0.128 (0.195)	0.863* (0.470)
en	−1.466* (0.748)	0.947 (1.669)	−2.062* (1.068)	0.682 (1.678)	−1.399* (0.744)	−2.280** (1.080)
常数项	−1.832 (1.998)	−3.703** (2.162)	−3.892 (3.573)	−5.113** (2.126)	−2.167 (1.974)	−3.530 (3.592)
N	459	187	272	187	459	272
地区固定效应	Y	Y	Y	Y	Y	Y
时间固定效应	Y	Y	Y	Y	Y	Y
F 检验值	3.135 [0.000]	3.415 [0.000]	3.047 [0.000]	3.459 [0.000]	3.324 [0.000]	3.687 [0.000]
R^2	0.196	0.350	0.295	0.353	0.203	0.276

注：括号内的数值为稳健型标准误；中括号内是 *P* 值；*、**、*** 分别表示 10%、5%、1% 的显著性水平。

后三列考察环境非政府组织的从业人员数量对污染产业区位熵的影响。

结果显示，核心解释变量的系数在全样本和东部样本下高度显著为负，在中西部样本下不显著。六个模型均验证了环境非政府组织在全样本和东部地区对污染产业具有显著的挤出效应，而中西部地区承接了东部地区的部分污染产业，成为了污染产业的避难所。其他控制变量的估计结果与基本回归和前面的分地区回归估计结果基本一致，这里不再赘述。

四、分污染产业检验

前面三部分的检验主要考察污染产业的总效应，本部分进行分产业检验。*poll_loc*1 – *poll_loc*6 分别代表采矿业、造纸及纸制品业、化学纤维制造业、非金属矿物制品制造业、黑色金属冶炼和压延加工制造业，以及电力、热力生产和供应业的区位熵。表 6 – 6 汇报了环境非政府组织机构数对分污染产业区位熵的估计结果。从结果来看，环境非政府组织机构数对六种污染物的影响系数均为负，但只有第（2）列、第（3）列和第（5）列的系数显著，说明环境非政府组织机构数对造纸及纸制品业、化学纤维制造业、黑色金属冶炼和压延加工制造业三个产业的产业区位熵具有负影响。

表 6 – 6　　分污染产业检验（环境非政府组织数量）

解释变量	*poll_loc*1	*poll_loc*2	*poll_loc*3	*poll_loc*4	*poll_loc*5	*poll_loc*6
	(1)	(2)	(3)	(4)	(5)	(6)
ln*engodata*	−0.010 (0.008)	−0.013* (0.007)	−0.020** (0.010)	−0.005 (0.004)	−0.038*** (0.008)	−0.009 (0.010)
ln*pgdp*	0.823* (0.461)	−0.246 (0.411)	0.281 (0.612)	−0.065 (0.226)	−1.118** (0.471)	1.796*** (0.548)
ln*pgdp*^{2}	−0.064*** (0.017)	0.030* (0.017)	−0.003 (0.027)	0.015* (0.008)	0.035* (0.019)	−0.089*** (0.020)
indstr	−0.011 (0.008)	−0.002 (0.007)	−0.002 (0.010)	−0.002 (0.004)	−0.002 (0.008)	−0.011 (0.010)
ln*cap_lab*	−0.103 (0.099)	−0.214** (0.085)	0.227* (0.120)	0.038 (0.048)	0.213** (0.097)	0.058 (0.117)
fdi	−0.018 (0.015)	−0.010 (0.013)	−0.030 (0.018)	−0.011 (0.007)	−0.025* (0.015)	0.008 (0.018)

续表

解释变量	poll_loc1	poll_loc2	poll_loc3	poll_loc4	poll_loc5	poll_loc6
	(1)	(2)	(3)	(4)	(5)	(6)
ln*den*	0.294 (0.402)	-0.546 (0.346)	-0.834* (0.497)	0.321 (0.197)	-0.068 (0.396)	-0.015 (0.478)
en	-3.987*** (1.118)	6.750*** (0.984)	2.539* (1.416)	1.624*** (0.547)	1.829 (1.128)	-3.587*** (1.330)
常数项	-1.888 (3.394)	3.120 (3.015)	2.938 (3.411)	-1.310 (1.660)	7.574** (3.458)	-6.296 (3.036)
N	527	510	493	527	510	527
地区固定效应	Y	Y	Y	Y	Y	Y
时间固定效应	Y	Y	Y	Y	Y	Y
F 检验值	2.931 [0.000]	3.051 [0.000]	1.080 [0.311]	1.264 [0.212]	2.138 [0.045]	3.817 [0.000]
R^2	0.130	0.176	0.056	0.060	0.101	0.163

注：括号内的数值为稳健型标准误；中括号内是 *P* 值；*、**、*** 分别表示10%、5%、1%的显著性水平。

对采矿业、非金属矿物制品制造业、热力生产和供应业三个污染产业的负向影响不显著，其原因可能是环境非政府组织对这个三个产业的监督不明显。首先是采矿业，相对其他产业，采矿业并不位于市中心，而环境非政府组织主要服务于市区或者重点城市；非金属矿物制品制造业主要以水泥为主，包括玻璃、陶瓷、石膏等产品在内的制造业，这些企业属于非常重要的污染企业，但是这些污染企业往往比较隐蔽，不容易受到监督；热力生产和供应业主要指火电厂和供暖企业，这些企业对于地区经济发展来说，属于刚性需求产业，而且多以国企为主。因此，环境非政府组织对这些企业的监督相对较弱，但还是具有负向影响。

表6-7检验了环境非政府组织从业人员数对分污染产业区位熵的影响。从结果来看，环境非政府组织从业人员数对每个污染产业的区位熵都具有负向影响，但对造纸及纸制品业、化学纤维制造业、黑色金属冶炼和压延加工制造业这几个产业的产业区位熵具有显著的负影响，其他几个系数虽然没有通过10%的显著性水平检验，但是第（1）列和第（4）列的 t 值均在1.5以上，即两个模型均在20%以内显著。说明环境非政府组织从业人员数可以减

少六个污染产业的区位熵，对六个污染产业具有挤出效应，使得这些产业从这些地区转向一些环境规制较弱的地区。

表 6－7　　分污染产业检验（环境非政府组织从业人员数）

解释变量	*poll_loc*1	*poll_loc*2	*poll_loc*3	*poll_loc*4	*poll_loc*5	*poll_loc*6
	(1)	(2)	(3)	(4)	(5)	(6)
ln*engopop*	-0.023 (0.015)	-0.009*** (0.03)	-0.016** (0.08)	-0.012 (0.008)	-0.072*** (0.015)	-0.016 (0.018)
ln*pgdp*	0.854* (0.452)	-0.388 (0.405)	0.057 (0.602)	-0.054 (0.221)	-0.935** (0.462)	1.844*** (0.538)
ln*pgdp*^{2}	-0.064*** (0.016)	0.035** (0.017)	0.005 (0.026)	0.014* (0.008)	0.029 (0.019)	-0.091*** (0.020)
indstr	-0.012 (0.008)	-0.003 (0.007)	-0.003 (0.010)	-0.002 (0.004)	-0.004 (0.008)	-0.012 (0.010)
ln*cap_lab*	-0.093 (0.099)	-0.216** (0.085)	0.223* (0.121)	0.043 (0.048)	0.243** (0.097)	0.065 (0.118)
fdi	-0.018 (0.015)	-0.012 (0.013)	-0.033* (0.018)	-0.011 (0.007)	-0.023 (0.015)	0.009 (0.018)
ln*den*	0.311 (0.402)	-0.511 (0.347)	-0.782 (0.499)	0.331* (0.197)	-0.047 (0.396)	-0.012 (0.479)
en	-3.987*** (1.116)	6.633*** (0.986)	2.352* (1.419)	1.620*** (0.546)	1.898* (1.126)	-3.565*** (1.328)
常数项	-2.132 (3.364)	3.767 (3.000)	3.963 (3.389)	-1.413 (1.645)	6.448* (3.427)	-6.577 (3.004)
N	527	510	493	527	510	527
地区固定效应	Y	Y	Y	Y	Y	Y
时间固定效应	Y	Y	Y	Y	Y	Y
F 检验值	2.965 [0.000]	3.913 [0.000]	0.940 [0.343]	1.309 [0.1320]	2.182 [0.041]	3.814 [0.000]
R^2	0.131	0.171	0.049	0.062	0.103	0.162

注：括号内的数值为稳健型标准误；中括号内是 *P* 值；*、**、*** 分别表示 10%、5%、1% 的显著性水平。

第四节　机制分析

根据第五章的分析，本书明确了环境非政府组织对地区的环境治理投资产生的影响。因此，这部分本书引入环境非政府组织与环境治理投资的交互项来进行机制检验。机制检验分两部分构成，第一部分是检验环境非政府组织的机构数与环境治理投资的交互效应，表6-8汇报了第一部分的检验结果。结果显示，当加入交互项后，原来的环境非政府组织机构数的系数不再显著，而交互项的系数显著为负。具体来说，第（1）列汇报了环境非政府组织机构数与环境投资的交互效应，系数为-0.009，通过了5%的显著性水平检验；第（2）列和第（3）列汇报了城市环境治理投资和工业行业环境治理投资与环境非政府组织机构数的交互效应，两个系数均为-0.004，显著性水平为5%；第（4）列为建设项目“三同时”环保投资与环境非政府组织机构数的交互效应，系数为-0.001，显著性水平为10%。四个模型均显示，环境非政府组织机构数通过环境治理投资影响污染产业的区位熵。四个模型都是基于全样本进行考察，所以其他控制变量的系数均与基准回归的估计结果基本一致。

表6-8　　机制检验（环境非政府组织机构数）

解释变量	被解释变量：*poll_loc*			
	(1)	(2)	(3)	(4)
ln*engodata*	0.057 (0.047)	0.024 (0.017)	0.005 (0.009)	-0.000 (0.010)
ln*ei* × ln*engodata*	-0.009** (0.004)			
ln*cityei* × ln*engodata*		-0.004** (0.002)		
ln*ind_ei* × ln*engodata*			-0.004** (0.002)	
ln*thr_ei* × ln*engodata*				-0.001* (0.000)

续表

解释变量	被解释变量：*poll_loc*			
	(1)	(2)	(3)	(4)
N	372	372	372	372
控制变量	Y	Y	Y	Y
地区固定效应	Y	Y	Y	Y
时间固定效应	Y	Y	Y	Y
F 检验值	3.372 [0.000]	3.283 [0.000]	3.154 [0.000]	3.068 [0.000]
R^2	0.214	0.211	0.206	0.202

注：括号内的数值为稳健型标准误；中括号内是 P 值；*、** 分别表示 10%、5% 的显著性水平。

表 6-9 汇报了环境非政府组织从业人员数与环境治理投资对污染产业区位熵的交互影响。从结果来看，四个模型的环境非政府组织从业人员数系数均为负，并不显著，但是与环境治理投资的交互项均显著为负。第（1）列中环境非政府组织从业人员数与环境总投资的交互项系数为 -0.003，通过了 10% 水平的显著性检验；第（2）列中城市环境治理投资和环境非政府组织机构数的交互项系数为 -0.002，显著性水平为 5%；第（3）列中工业行业环境治理投资与环境非政府组织机构数的交互项系数为 -0.007，显著性水平为 5%；第（4）列中建设项目“三同时”环保投资与环境非政府组织机构数的交互项，系数为 -0.004，显著性水平为 5%。其他控制变量的系数与基准回归基本一致。

表 6-9　　　　机制检验（环境非政府组织从业人员数）

解释变量	被解释变量：*poll_loc*			
	(1)	(2)	(3)	(4)
ln*engopop*	-0.028 (0.051)	-0.032 (0.040)	-0.006 (0.014)	-0.016 (0.017)
ln*ei* × ln*engopop*	-0.003* (0.001)			
ln*cityei* × ln*engopop*		-0.002** (0.000)		

续表

解释变量	被解释变量：*poll_loc*			
	(1)	(2)	(3)	(4)
ln*ind_ei* × ln*engopop*			-0.007** (0.003)	
ln*thr_ei* × ln*engopop*				-0.004** (0.002)
N	372	372	372	372
控制变量	Y	Y	Y	Y
地区固定效应	Y	Y	Y	Y
时间固定效应	Y	Y	Y	Y
F 检验值	3.465 [0.000]	3.503 [0.000]	3.583 [0.000]	3.428 [0.000]
R^2	0.209	0.210	0.213	0.207

注：括号内的数值为稳健型标准误；中括号内是 P 值；*、** 分别表示 10%、5% 的显著性水平。

从两组机制检验的结果来看，环境非政府组织通过影响环境治理投资，从而减弱污染产业的集聚度，使得这些行业转移或者升级，从而就业人数的区位熵下降。由于数据可得性的限制，本书无法再继续检验更为深入的机制。根据已有检验结果，绘制出图 6-1 的环境非政府组织影响污染产业集聚度的路径。环境非政府组织首先通过扩大机构数量和扩大每个机构的规模，然后通过环境监督、信息公开、环境教育、环境诉讼等途径影响污染企业，让污染企业失去公信力，被迫关闭工厂或者转移到其他地区。另外，环

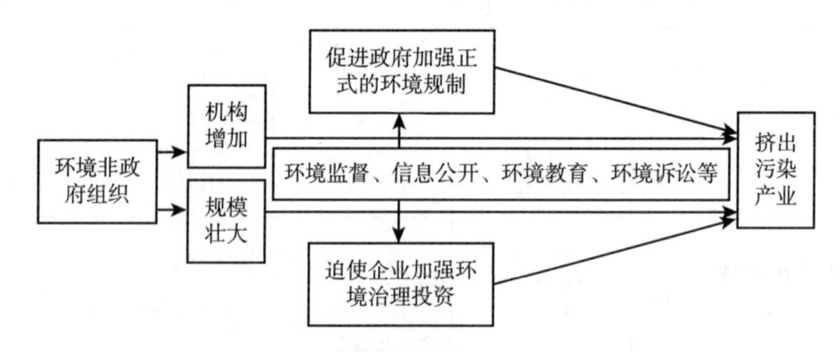

图 6-1　环境非政府组织挤出污染产业的作用机制

境非政府组织通过一系列环境活动可以让企业加强环境治理投资和促进政府加强正式的环境规制，从政府和企业两个方面，让污染产业缩减生产规模，最终退出市场。

第五节　小　　结

本章侧重于考察环境非政府组织的产业转移效应。产业转移是指一个产业从某一个地方转移到另外一个地方，但这种转移很难通过数据进行识别。本章采用产业区位熵作为衡量产业转移的指标，如果该产业区位熵下降，说明相对于全国平均水平来说，该产业在这个地区的竞争力下降，即表示这个产业转移到其他地方去了；反之亦然。研究结论如下：

第一，通过考察环境非政府组织对污染产业区位熵的影响发现，环境非政府组织对六大污染产业整体的区位熵具有显著的负向影响，说明环境非政府组织的壮大，从业人员的增加，会通过其积极的环境治理行为，影响到一个地区的污染产业，使得污染产业的比重下降，验证了假说 2。

第二，通过分污染产业回归发现，环境非政府组织的壮大对所有污染产业均具有负向影响，但只对造纸及纸制品制造业、化学纤维制造业、黑色金属冶炼和压延加工制造业发挥了显著的转移效应，而对采矿业、非金属矿物制品业，以及电力、热力生产和供应业的转移效应不显著，说明环境非政府组织的产业转移效应具有产业异质性，对造纸、化学制造业、黑色金属加工业等污染较为明显，而且容易转移的产业作用明显；而采矿业不容易被转移，非金属制造业的污染相对不太明显，电力、热力生产和供应业作为生活必需品，环境非政府组织对这些产业的转移效应不明显。

第三，机制研究发现，环境非政府组织是通过环境投资的加大而实现污染产业转移。说明环境非政府组织对产业的转移效应主要体现在环境非政府组织的壮大。通过对环境问题的监督，让污染企业受监督，政府要求污染企业加大环境治理投资，增加了企业的生产成本，迫使一些污染企业转移到其他地区。

| 第七章 |

环境非政府组织的环境 TFP 提升效应：基于中国的经验研究

第一节 引 言

在当今时代，国家发展面临两大任务，即经济发展和环境治理，也就是高质量的经济增长。经济发展包括“质”和“量”的提升，而减少环境污染，改善环境质量是经济发展的“质”的表现。根据美国耶鲁大学、哥伦比亚大学和世界经济论坛等机构联合发布的《2018 全球环境绩效指数》(environmental performance index)，中国的环境绩效指数得分位于 180 个国家中的第 120 位，排名相对靠后，说明中国的环境质量问题不容乐观。特别是在空气质量问题方面，中国因 $PM_{2.5}$综合评测等多个方面原因，排在第 176 位（倒数第 4 名）。工业化和城镇化的进程还在不断推进，环境问题需要在发展过程中不断解决。值得重视的是，将环境消耗纳入经济增长核算中，从传统的经济增长转变为绿色经济增长，提高绿色经济效率是解决环境问题的重要策略。一般来说，学术界广泛采用全要素生产率来衡量经济效率，同理，衡量绿色经济效率就可以用绿色全要素生产率，也称为环境全要素生产率（environmental total factor productivity，ETFP）。宋美喆和柴江艺（2023）的研究发现，环境规制可以提高环境绩效，也就是说可以提高环境全要素生产率。现有文献中，针对环境规制与环境全要素生产率的研究较多，采用的环境规制指标多为环境投资占比（刘和旺和左文婷，2016；蔡乌赶和周小亮，2017；黄庆华等，

2018；龚新蜀和李梦洁，2019）。环境投资占比作为环境规制常用指标，只能反映正式环境规制对环境全要素生产率的影响。但除了正式环境规制之外，随着环境污染的加重，非正式的环境规制不断出现，如环境非政府组织。

现有文献还没有对环境非政府组织与环境全要素生产率之间关系而展开研究。本章将环境非政府组织在某一个地区设立看成是一个准自然实验。如果一个地区设立了一家环境非政府组织，就相当于这个地区增加了一个监督机构，监督居民（个人）的环境行为，监督地区企业的排污行为，监督政府的环境执行力度，这会在无形中改善地区的环境质量，从而提升环境全要素生产率。因此将环境非政府组织的设立作为一个非正式的环境规制，考察一个地区的环境非政府组织对环境全要素生产率的影响，用于验证假说 3。

第二节　实证策略

一、计量模型

根据假说 3，结合前文的研究，构建如下计量模型用于识别环境非政府组织对环境全要素生产率的影响：

$$ETFP_{it} = \alpha + \beta \times engo_{it} + Z \times \gamma + \mu_i + \upsilon_t + \xi_{it} \tag{7-1}$$

（7－1）式中，$ETFP_{it}$为第 i 地区第 t 年的环境全要素生产率，$engo_{it}$为第 i 地区第 t 年环境非政府组织的度量指标，Z 为除环境非政府组织之外影响环境全要素生产率的其他因素。μ 和 υ 分别为地区固定效应和时间固定效应，ξ 为随机扰动项。由于可以将环境全要素生产率分解为效率变化（*EFF*）和技术进步（*TECH*），可以采用下面计量模型考察环境非政府组织是否影响环境全要素生产率的效率变化和技术进步：

$$EFF_{it} = \alpha + \beta \times engo_{it} + Z \times \gamma + \mu_i + \upsilon_t + \xi_{it} \tag{7-2}$$

$$TECH_{it} = \alpha + \beta \times engo_{it} + Z \times \gamma + \mu_i + \upsilon_t + \xi_{it} \tag{7-3}$$

二、环境全要素生产率的测算

（一）测算方法

传统的生产函数没有将环境质量考虑在内，这会导致现实的经济产出高于考虑环境成本的经济产出。因此，如何测算考虑环境成本的经济产出就显得尤为重要。全要素生产率是经济学界广泛用于考察经济社会综合生产能力的一个指数，将环境因素考虑之后，就形成了环境全要素生产率的概念。目前，多数研究均采用数据包络分析（DEA）测算全要素生产率。库伯等（Cooper et al.，2007）认为投入产出分析框架下的数据包络分析是最为便捷的生产率和效率测算工具。但是传统的 DEA 效率测算模型通常采用径向方法，测算结果可能存在偏误，需要考虑采用非径向方法。在传统投入产出的基础上，将产出分为期望产出和非期望产出，环境污染排放即为非期望产出，法勒等（Färe et al.，2007）将期望产出和非期望产出同时纳入生产可能性集，并提出环境技术的概念。托恩（Tone，2002）基于松弛变量的基础上提出了非期望产出 DEA 模型，该模型可以解释变量松弛问题，还可以处理非期望产出的问题，对于处理环境约束下生产效率测算具有借鉴意义。但是，传统的径向型 DEA 无法解决存在投入过度或者产出不足的非零松弛（Slacks）问题，会导致测算结果估计过高的可能。法勒等（Färe et al.，2007）、福山和韦伯（Fukuyama and Weber，2009）在托恩（Tone，2003）的非径向 DEA 的基础上发展出更加一般化的非径向松弛型的 SBM（slacks-based measure）方向性距离函数。此外，DEA 模型进行效率评价的前提是确定最佳生产技术前沿趋势面，但由于不同时期具有不同的生产技术前沿趋势面，因而不同时期的效率测算结果不具有可比性，而 Malmquist 指数可以解决该问题，使不同时期的效率具有可比性（Färe et al.，1992）。王兵等（2010）、沈可挺和龚健健（2011）、匡远凤和彭代彦（2012）、刘瑞翔和安同良（2012）、范等（Fan et al.，2015）等采用 Malmquist-Luenberger 生产率（简称 M－L 指数）测算了中国各省的环境全要素生产率，并展开系列研究。因此本书采用非径向、非角度的 SBM 方向性距离函数测算 M－L 指数，并用 M－L 指数衡量中国各地区的环境全要素生产率（environmental total factor productivity）。

M－L 生产率指数测算的基本思想：将每一个地区作为一个决策单元构造生产前沿趋势面，并假定每个决策单元均有 N 种投入、M 种“好”产出（yg）和 P 种“坏”产出（yb）。用 i 代表地区，$i=1,\cdots,I$，用 x 表示要素的投入量，假定有 N 种要素投入，$x_{ni}\in R^+$，其中，$n=1,\cdots,N$；假定有 m 种期望产出（$m=1,\cdots,M$），$yg_{mi}\in R^+$，同时有 P 种“坏”的非期望产出（$p=1,\cdots,P$），$yb_{pi}\in R^+$。环境技术条件的生产可能性集为：$P^t(x)=\{(x_t,yg_t,yb_t):x_t\}$，且需要满足生产可能性集的基本假设：（1）闭集和有界集；（2）投入和期望产出自由可处置性、零结合性和产出弱可处置性。因此，运用数据包络分析（DEA）方法的思想，构建包含环境非期望产出的生产边界函数为：

$$P^t(x^t)=\{(yg^t,yb^t):\sum_{i=1}^{I}\lambda_i^t yg_{im}^t\geqslant yg_{im}^t,\forall m;\sum_{i=1}^{I}\lambda_i^t yb_{ip}^t\geqslant yb_{ip}^t,\forall p;$$
$$\sum_{i=1}^{I}\lambda_i^t x_{in}^t\geqslant x_{in}^t,\forall n;\sum_{i=1}^{I}\lambda_i^t=1,\lambda_i^t\geqslant 0,\forall i\} \quad (7-4)$$

其中，x、yg、yb 分别代表 $x=(x_1,\cdots,x_N)$、$yg=(yg_1,\cdots,yg_M)$、$yb=(yb_1,\cdots,yb_p)$ 三个向量，λ_i^t 表示每个横截面观测值的权重，根据可变规模报酬（VRS）的约束条件，还需要满足 $\sum_{i=1}^{I}\lambda_i^t=1$ 且 $\lambda_i^t\geqslant 0$，$\forall i$。

根据 SBM 模型（Fukuyama & Weber 于 2009 年提出的）处理方法，考虑环境非期望产出的 SBM 方向性距离函数为：

$$\vec{D}^t(x^{ti'},yg^{ti'},yb^{ti'},g^x,g^{yg},g^{yb})=$$
$$\max_{s_n^x,s_m^{yg},s_p^{yb}}\frac{1}{2}\left[\sum_{n=1}^{N}\frac{s_n^x}{g_n^x}+\frac{1}{M+P}\left(\sum_{m=1}^{M}\frac{s_m^{yg}}{g_m^{yg}}+\sum_{p=1}^{P}\frac{s_p^{yb}}{g_p^{yb}}\right)\right]$$
$$\text{s. t. }\sum_{i=1}^{I}\lambda_i^t x_{in}^t+s_n^x=x_{in}^t,\forall n;\sum_{i=1}^{I}\lambda_i^t yg_{im}^t-s_m^{yb}=yg_{im}^t,\forall m;$$
$$\sum_{i=1}^{I}\lambda_i^t g\,b_{ip}^t-s_p^{yb}=yb_{ip}^t,\forall p;\sum_{i=1}^{I}\lambda_i^t=1,\lambda_i^t\geqslant 0,\forall i;$$
$$\sum_{i=1}^{I}s_n^x\geqslant 0,\forall n;\sum_{i=1}^{I}s_m^{yg}\geqslant 0,\forall m;\sum_{i=1}^{I}s_p^{yb}\geqslant 0,\forall p。\quad (7-5)$$

（7－5）式中，$\vec{D}^t$ 表示方向性距离函数，根据规模报酬是否可变分为规模可变（VRS）的方向性距离函数和规模不变（CRS）的方向性距离函数；地区 i' 投入向量和产出向量分别为（$x^{ti'},yg^{ti'},yb^{ti'}$）、（$g^x,g^{yg},g^{yb}$）；（$s^x,s^{yg}$，$s^{yb}$）为松弛向量，其中，（$s^x$，$s^{yg}$，$s^{yb}$）中的每个向量均大于零，表示实际投入和环境污染大于边界的投入和环境污染。而实际产出则小于边界的产出。因此，s^x、s^{yg}、s^{yb}分别表示过度使用、污染过度排放及好产出生产不足的量。

借鉴钟等（Chung et al.，1997）提出的方法，可以定义第 t 和第 $t+1$ 期之间的 Malmquist-Luenberger 生产率：

$$ML_t^{t+1}=\left[\frac{1+\vec{D}_o^t(x^t,yg^t,yb^t,g^t)}{1+\vec{D}_o^t(x^{t+1},yg^{t+1},yb^{t+1},g^t)}\times\frac{1+\vec{D}_o^{t+1}(x^t,yg^t,yb^t,g^t)}{1+\vec{D}_o^{t+1}(x^{t+1},yg^{t+1},yb^{t+1},g^t)}\right]^{\frac{1}{2}} \tag{7-6}$$

（7-6）式中，$\vec{D}_o^t(x^t,yg^t,yb^t,g^t)$ 表示决策单元在第 t 时期与对应 t 时期的有效生产前沿趋势面之间的距离；同理，$\vec{D}_o^t(x^{t+1},yg^{t+1},yb^{t+1},g^t)$ 为决策单位在第 t 时期与对应 $t+1$ 时期的有效生产前沿趋势面之间的距离，$\vec{D}_o^{t+1}(x^t,yg^t,yb^t,g^t)$、$\vec{D}_o^{t+1}(x^{t+1},yg^{t+1},yb^{t+1},g^t)$ 分别为决策单元在第 $t+1$ 时期与对应第 t 时期和 $t+1$ 时期有效生产前沿趋势面之间的距离。根据公式的含义，当 $ML_t^{t+1}>1$ 时，说明从第 t 期到第 $t+1$ 期，该地区的 *ETFP* 得到提高；否则，该地区的 *ETFP* 没有得到提高。根据 *ETFP* 的分解技术，将 *ETFP* 分解为技术效率指数（*EFF*）和技术进步指数（*TECH*）：

$$EFF_t^{t+1}=\frac{\vec{D}_o^t(x^t,yg^t,yb^t,g^t)}{\vec{D}_o^{t+1}(x^{t+1},yg^{t+1},yb^{t+1},g^t)} \tag{7-7}$$

$$TECH_t^{t+1}=\left[\frac{\vec{D}_o^{t+1}(x^t,yg^t,yb^t,g^t)}{\vec{D}_o^t(x^{t+1},yg^{t+1},yb^{t+1},g^t)}\times\frac{\vec{D}_o^{t+1}(x^{t+1},yg^{t+1},yb^{t+1},g^t)}{\vec{D}_o^t(x^{t+1},yg^{t+1},yb^{t+1},g^t)}\right]^{\frac{1}{2}} \tag{7-8}$$

技术效率指数（EFF_t^{t+1}）表示地区 i 从第 t 期到第 $t+1$ 期向最大前沿趋势面的追赶程度；技术进步指数（$TECH_t^{t+1}$）表示地区 i 从第 t 期到第 $t+1$ 期最大前沿趋势面的移动情况。$EFF_t^{t+1}>1$ 表明技术效率是推动环境效率提高的源泉；$EFF_t^{t+1}<1$ 表明技术效率是导致环境效率下降的原因；$TECH_t^{t+1}>1$，表示技术进步提高；$TECH_t^{t+1}<1$，表示技术进步下降。

（二）指标选择

根据环境全要素生产率的测算方法，需要有投入和产出两组数据，同时产出分为期望产出和非期望产出。

借鉴杜俊涛等（2017）、傅京燕等（2018）、龚新蜀和李梦洁（2019）、李卫兵等（2019）的做法，投入要素主要考虑劳动、资本和能源投入。劳动投入，用总就业人数来表示，省级层面的总就业人数来源于《中国劳动统计年鉴》中的城镇单位就业人数和其他单位就业人数的加总；地级城市层面的总就业人数来源于《中国城市统计年鉴》中城镇单位从业人员数和城镇私营（个体）从业人员数的加总；资本投入，借鉴张军和章元（2003）、张军等（2004）的做法，将每个地区的固定资产投资通过固定资产指数（以 2000 年为基期）进行折算后，得到实际的固定资产投资额，再采用较为成熟的永续盘存法估算资本存量，分别对省级和地级城市两个层面的资本存在进行测算。测算公式为 $K_{it}=I_{it}+(1-\delta_{it})K_{it-1}$，其中，$K$ 为第 i 地区第 t 年的资本存量；I 为第 i 地区第 t 年实际固定资产投资；δ 为固定资产折旧率，按多数文献的做法，取 10%。能源投入，省级层面的能源投入直接采用全社会的能源消耗量作为能源投入指标，地级城市层面的能源消耗量没有进行统计，本书的做法是借用省级的能源消耗量与各城市国民生产总值占全省的比例相乘进行测算，数据主要来源于《中国能源统计年鉴》。

产业指标：期望产出主要指实际国民生产总值。本书以 2000 年为基期，采用国民生产总值平减指数对每年各省的国民生产总值折算乘以 2000 年定价的实际国民生产总值，由于缺少地级城市的国民生产总值平减指数，采用相应省级国民生产总值平减指数进行替代，数据主要来源于《中国统计年鉴》和《中国城市统计年鉴》；非期望产出一般采用环境污染排放物来衡量，省级和地级城市的污染物排放有多个指标，只有工业废水排放、工业废气排放的数据统计较为连续，省级层面可以获得 2000 年以后的所有数据，而在地级城市层面上，只能获得 2003 年以后的全部数据，且只有工业废水排放量和工业二氧化硫排放量的统计时间较长（从 2003 年开始有完善的数据），最终选择这两种污染作为非期望产出。各个指标与计算方法见表 7－1，由于非期望产出的数据有限，省级层面的数据为2000~2016年；地级城市的数据为2003~2016年。

表7-1　环境全要素生产率测算的主要变量及其计算方法

要素	指标	计算方法	适用区域
投入	劳动投入	城镇单位从业人员+私营（个体）从业人员	省级 地级城市
	资本投入	利用永续盘存法计算（2000年为基期）	省级 地级城市
	能源投入	能源消耗量（万吨标准煤） 能源消耗量×城市GDP/省GDP	省级 地级城市
期望产出	GDP	采用省级GDP平减指数测算到2000年为基期的实际GDP	省级 地级城市
非期望产出	工业废水	工业废水排放总量（万吨）	省级 地级城市
	工业废气（二氧化硫）	工业废气（二氧化硫）排放总量（亿立方米）	省级 地级城市

资料来源：由作者制作。

（三）测算结果分析

根据环境全要素生产率的测算方法和收集的主要指标，利用Matlab的DEA工具箱，通过编程测算出省级层面2001~2016年和地级市2004~2016年的环境全要素生产率。需要说明的是，环境全要素生产率是一个变化率，因此，测算结果会比实际数据少一年。

2000~2001年，中国内地31个省级行政区大部分地区的环境全要素生产率在下降，只有部分地区的环境全要素生产率在提高，其中北京、河北、山东、浙江、福建、广东和四川等省份的环境全要素生产率大于1.1，上海和江苏的环境全要素生产率大于1，说明沿海地区和四川的环境全要素生产率相对有所改善。其他地区的环境全要素生产率均在下降，其中黑龙江、内蒙古、陕西、湖南和江西等省份的环境全要素生产率小于0.9，说明下降较多。

2009～2010 年，中国内地 31 个省级行政区的环境全要素生产率提升的区域较多，但环境全要素生产率大于 1.1 的区域只有北京和重庆，大部分地区环境全要素生产率介于 1～1.1。环境全要素生产率处于下降的区域主要是西北地区的新疆、青海、西藏，以及内蒙古、吉林、山西、湖南等省份，已没有环境全要素生产率低于 0.9 的地区。2015～2016 年，除西藏外，其他 30 个省级行政区的环境全要素生产率，处于全面提升的阶段。但环境全要素生产率大于 1.1 的区域只有黑龙江、新疆、江西和海南。

由于环境全要素生产率测算的是前后两年的变化率，所以无法对三个时间段进行比较。但是从三个时间段的趋势来看，可以看出中国省级层面的环境全要素生产率呈现向好的趋势。特别是 2015～2016 年，只有西藏在恶化，其他地区都在转好。本书的分析没有将中国环境污染最为严重的 2012～2013 年作为研究时间，其原因是这个阶段主要表现为雾霾污染为主，其污染排放物方面并没有显著的变化。

从地级市层面的环境全要素生产率看，地级城市的环境全要素生产率的变化也呈现向好的趋势。2003～2004 年，284 个地级城市的环境全要素生产率，只有极少数城市的环境全要素生产率大于 1，大于 1.1 的城市就更少了。在小于 1 的城市里，大部分城市的环境全要素生产率低于 0.9。说明与 2003 年相比，2004 年绝大部分城市的环境质量都在恶化，导致环境全要素生产率低于 1，而且大部分地区恶化得比较严重（低于 0.9）。

2009～2010 年，284 个地级城市的环境全要素生产率在这个时间段有所改善。但大部分城市的环境全要素生产率还是介于 0.9～1，说明这些城市的环境效率还是在下降。可喜的是，环境全要素生产率低于 0.9 以下的城市减少了，说明环境恶化的趋势得到一定的控制。

在 2015～2016 年的城市环境全要素生产率空间分布中，大于 1.1 和 1 的城市较多，说明与 2015 年相比，2016 年的环境改善较多，出现大面积的环境效率改善，而且只有少数几个城市的环境全要素生产率低于 0.9。说明 2015 年之后实施的环境保护政策产生了一定的效果。

从三个时间段的趋势来看，中国城市层面的环境全要素生产率改善的区域越来越多，虽然还是存在一些城市的环境全要素生产率恶化的现象，但总体趋势是向好的。

三、变量选择与数据说明

被解释变量：环境全要素生产率（*ETFP*）。采用上文的测算方法测算得到。另外环境全要素生产率效率变化（*EFF*）和技术进步（*TECH*），这两个数据同样通过 Matlab 编程计算获得。

核心解释变量：环境非政府组织。主要采用三个指标进行度量：第一，采用是否拥有环境非政府组织（*engo*），如果一个地区拥有一家以上的环境非政府组织，则 *engo* =1，如果一家环境非政府组织都没有，则 *engo* =0；第二，采用环境非政府组织机构数度量环境非政府组织，具体做法是将环境非政府组织机构数加上 1 再取对数（ln*engodata*）；第三，采用环境非政府组织从业人员度量环境非政府组织，具体做法是将环境非政府组织从业人数加上 1 再取对数（ln*engopop*）（见表 7 –2）。

表 7 –2　　主要变量的描述性统计（省级面板数据）

变量	变量说明	样本数	平均值	标准误	最小值	最大值
面板 1：省级面板						
被解释变量						
ETFP	环境全要素生产率	496	1.020	0.067	0.696	1.181
EFF	环境全要素生产率的技术效率	496	1.015	0.054	0.859	1.152
TECH	环境全要素生产率的技术进步	496	1.021	0.064	0.696	1.178
核心解释变量						
engo	是否有环境非政府组织	496	0.651	0.477	0.000	1.000
ln*engodata*	环境非政府组织机构数的自然对数	496	0.932	0.914	0.000	3.127
ln*engopop*	环境非政府组织从业人员的自然对数	496	3.081	2.479	0.000	8.226
面板 2：地级城市面板						
被解释变量						
ETFP	环境全要素生产率	3692	0.984	0.088	0.367	1.598
EFF	技术效率	3692	0.974	0.078	0.574	1.668
TECH	技术进步	3692	0.981	0.076	0.473	1.409

续表

变量	变量说明	样本数	平均值	标准误	最小值	最大值
核心解释变量						
engo	是否有环境非政府组织	3692	0.171	0.376	0.000	1.000
ln*engodata*	环境非政府组织机构数的自然对数	3692	0.162	0.415	0.000	3.025
ln*engopop*	环境非政府组织从业人员的自然对数	3692	0.583	1.405	0.000	8.193

资料来源：作者整理得到，由于控制变量与前文相应部分一致，此处省略了控制变量的描述性统计。

为了让计量结果更可信，下面的实证部分分别采用省级层面和地级城市层面两组数据进行分析。因此，解释变量与核心解释变量是一致的，但是控制变量有一些差异。省级层面，分别控制了人均 GDP 的自然对数（ln*pgdp*）及其平方（$\ln pgdp^2$），用于考察经济发展水平对环境全要素生产率的非线性关系；采用工业产业占比衡量产业结构（*indstr*），采用劳动与资本之比衡量劳动资本占比（ln*cap_lab*），采用外商直接投资额占 GDP 的比重衡量外资水平（*fdi*），采用单位面积的人口数衡量人口密度（*den*），采用单位 GDP 的电力消耗衡量能量消耗（*en*）。在地级城市层面，首先同样控制了人均 GDP 的自然对数（ln*pgdp*）及其平方项（$\ln pgdp^2$）、工业产业值占比衡量产业结构（*indstr*）、电力消费的自然对数衡量能源消费量（*en*）、劳动与资本之比衡量劳动资本占比（ln*cap_lab*）。最后形成两个面板数据，省级面板数据包括 2001～2016 年 31 个省份的数据集；地级城市数据包括 2004～2016 年 284 个城市的数据集。数据主要来源于《中国统计年鉴》《中国环境统计年鉴》《中国城市统计年鉴》《中国区域经济统计年鉴》，以及作者手工收集的环境非政府组织数据集。

第三节　结果分析与讨论

一、环境全要素生产率分析

根据（7－1）式，表 7－3 汇报了环境非政府组织对环境全要素生产率的影响系数。六个模型均采用固定效应模型估计，在控制了时间固定效应和地区固定效应后，环境非政府组织对环境全要素生产率均具有显著的正向影响。

表7-3　　基准回归（省级面板数据）

解释变量	被解释变量：*ETFP*					
	(1)	(2)	(3)	(4)	(5)	(6)
engo	0.105*** (0.005)	0.101*** (0.005)				
ln*engodata*			0.030*** (0.007)	0.047*** (0.006)		
ln*engopop*					0.024*** (0.001)	0.024*** (0.001)
ln*pgdp*		0.123*** (0.031)		0.313*** (0.040)		0.220*** (0.033)
ln$pgdp^2$		-0.004*** (0.001)		-0.008*** (0.002)		-0.005*** (0.001)
indstr		-0.001 (0.001)		-0.001 (0.001)		-0.001 (0.001)
ln*cap_lab*		-0.002 (0.006)		0.009 (0.008)		-0.001 (0.007)
fdi		0.002* (0.001)		0.004*** (0.001)		0.003*** (0.001)
den		-0.004 (0.026)		-0.020 (0.033)		-0.012 (0.028)
En		0.251*** (0.073)		0.335*** (0.096)		0.407*** (0.080)
常数项	0.930*** (0.006)	0.047 (0.227)	0.953*** (0.008)	-0.888*** (0.296)	0.928*** (0.007)	-0.420* (0.244)
N	496	496	496	496	496	496
时间固定效应	Y	Y	Y	Y	Y	Y

续表

解释变量	被解释变量：*ETFP*					
	(1)	(2)	(3)	(4)	(5)	(6)
地区固定效应	Y	Y	Y	Y	Y	Y
F	63.521 [0.000]	48.076 [0.000]	20.186 [0.000]	20.833 [0.000]	43.134 [0.000]	38.315 [0.000]
R^2	0.694	0.714	0.418	0.520	0.611	0.666

注：括号内的数值为稳健型标准误；中括号内是 *P* 值；*、*** 分别表示 10%、1% 的显著性水平。

从省级层面来看，拥有环境非政府组织的省份（*engo* =1），比没有环境非政府组织的省份（*engo* =0）环境全要素生产率高出 0.1，这个结果在控制其他控制变量之后仍然成立，而且系数只有很小的变化，说明一个省如果有环境非政府组织，将会促进这个省的环境全要素生产率提升；采用环境非政府组织机构数的自然对数衡量环境非政府组织，估计系数显著为正，而且在控制其他因素之后，系数为 0.047，说明环境非政府组织每提高 1%，环境全要素生产率将提高 0.047；采用环境非政府组织从业人员的自然对数衡量环境非政府组织，估计系数显著为正，而且不管控制其他因素与否，系数均为 0.024，说明环境非政府组织从业人员每提高 1%，环境全要素生产率将提高 0.024。不管采用何种指标衡量环境非政府组织，环境非政府组织均对环境全要素生产率具有显著的正向影响，假说 3 得以验证。

控制变量中，人均 GDP 的一次项为正，二次项为负，说明随着人均 GDP 提高，环境全要素生产率将会出现先上升、后下降的倒 U 型曲线特征，满足环境库兹涅茨假说。产业结构、劳动资本占比和人口密度对环境全要素生产率的影响不显著，但外商直接投资和能源利用效率对环境全要素生产率真具有显著的正向影响。

在地级城市层面，三个环境非政府组织的指标均对环境全要素生产率具有显著的正向影响，*engo* 的影响系数略低于省级数据的估计系数，但 ln*engodata* 的影响系数大于省级数据的估计系数，其原因可能是 ln*engodata* 的数值相对较小，其影响系数相对更大一些；ln*engopop* 的影响系数在两组数据中的差异很小，说明估计结果具有一定的可比性。控制变量中，人均 GDP 的二次项系数为负，同时存在先上升、后下降的倒U型曲线特征，满足环境库兹涅茨假说，其他控制变量的显著性不太稳定，但也对环境全要素生产率具有影响（见表7-4）。

表7-4　　基准回归（城市面板数据）

解释变量	被解释变量：*ETFP*					
	(1)	(2)	(3)	(4)	(5)	(6)
engo	0.083*** (0.006)	0.087*** (0.006)				
ln*engodata*			0.061*** (0.006)	0.077*** (0.006)		
ln*engopop*					0.022*** (0.002)	0.025*** (0.002)
ln*pgdp*		-0.053** (0.023)		-0.026 (0.023)		-0.030 (0.023)
$\ln pgdp^2$		-0.003** (0.001)		-0.004*** (0.001)		-0.003** (0.001)
indstr		0.001*** (0.000)		0.001*** (0.000)		0.001*** (0.000)
ln*en*		-0.002 (0.003)		-0.001 (0.003)		-0.002 (0.003)
ln*cap_lab*		0.004 (0.003)		0.009** (0.003)		0.005 (0.003)
常数项	0.910*** (0.004)	1.197*** (0.083)	0.912*** (0.004)	1.083*** (0.085)	0.911*** (0.004)	1.104*** (0.084)
N	3692	3692	3692	3692	3692	3692
时间固定效应	Y	Y	Y	Y	Y	Y
城市固定效应	Y	Y	Y	Y	Y	Y
F	115.631 [0.000]	87.392 [0.000]	103.676 [0.000]	79.953 [0.000]	110.831 [0.000]	83.441 [0.000]
R^2	0.307	0.317	0.284	0.298	0.298	0.310

注：括号内的数值为稳健型标准误；中括号内是*P*值；**、***分别表示5%、1%的显著性水平。

通过分析两组数据的环境非政府组织对环境全要素生产率的影响，结果均发现环境非政府组织对环境全要素生产率具有显著的正向影响，假说 3 得以验证。

二、环境全要素生产率变化分析

将环境全要素生产率分解为效率变化和技术进步后，下面分别对环境非政府组织对环境全要素生产率的效率变化和技术进步的影响进行考察。表 7 -5从省级层面考察环境非政府组织对效率变化的影响，六个模型的估计结果均显示环境非政府组织对效率变化具有显著的正向影响，系数大小与表 7 -3 中环境非政府组织对环境全要素生产率的估计系数相差并不大。人均 GDP 一次项系数为正，二次项系数为负，说明环境库兹涅茨假说成立。

表 7 -5　　环境全要素生产率效率变化分析（省级面板数据）

解释变量	被解释变量：*EFF*					
	(1)	(2)	(3)	(4)	(5)	(6)
engo	0.102 *** (0.003)	0.100 *** (0.003)				
ln*engodata*			0.043 *** (0.005)	0.059 *** (0.005)		
ln*engopop*					0.024 *** (0.001)	0.023 *** (0.001)
常数项	0.949 *** (0.004)	0.648 *** (0.144)	0.966 *** (0.006)	-0.363 (0.222)	0.947 *** (0.005)	0.186 (0.169)
N	496	496	496	496	496	496
控制变量	Y	Y	Y	Y	Y	Y
时间固定效应	Y	Y	Y	Y	Y	Y
地区固定效应	Y	Y	Y	Y	Y	Y
R^2	0.810	0.818	0.447	0.567	0.702	0.745
F	119.687 [0.000]	86.249 [0.000]	22.696 [0.000]	25.203 [0.000]	66.152 [0.000]	56.274 [0.000]

注：括号内的数值为稳健型标准误；中括号内是 *P* 值；*** 表示 1% 的显著性水平。

表7-6从城市层面考察环境非政府组织对环境全要素生产率的效率变化的影响，六个模型中环境非政府组织指标的系数均显著为正，且大小与表7-4中环境非政府组织对环境全要素生产率的估计系数并无显著的差异。人均GDP一次项系数不显著，二次项系数显著为负，环境库兹涅茨假说仍然成立。

表7-6　　环境全要素生产率效率变化分析（城市面板数据）

解释变量	被解释变量：*EFF*					
	(1)	(2)	(3)	(4)	(5)	(6)
engo	0.088*** (0.005)	0.091*** (0.006)				
ln*engodata*			0.071*** (0.006)	0.082*** (0.006)		
ln*engopop*					0.024*** (0.002)	0.025*** (0.002)
常数项	0.974*** (0.004)	1.259*** (0.081)	0.976*** (0.004)	1.135*** (0.083)	0.974*** (0.004)	1.165*** (0.082)
N	3692	3692	3692	3692	3692	3692
控制变量	Y	Y	Y	Y	Y	Y
时间固定效应	Y	Y	Y	Y	Y	Y
地区固定效应	Y	Y	Y	Y	Y	Y
R^2	0.188	0.199	0.163	0.176	0.176	0.187
F	60.636 [0.000]	46.799 [0.000]	50.949 [0.000]	40.129 [0.000]	55.809 [0.000]	43.235 [0.000]

注：括号内的数值为稳健型标准误；中括号内是*P*值；***表示1%的显著性水平。

三、环境全要素生产率技术进步分析

表7-7汇报了从省级层面考察环境非政府组织对环境全要素生产率的技术进步的估计结果。环境非政府组织*engo*变量的影响系数高度显著为正，且两个模型的系数相差非常小；ln*engodata*的估计系数也高度显著为正；两个模型［第（5）列和（6）列］中ln*engopop*系数均为0.023，说明加其他

控制变量与否，对 ln*engopop* 系数几乎没有影响，说明环境非政府组织相对外生。六个模型中环境非政府组织对环境全要素生产率的技术进步影响系数均小于表 7 -3 和表 7 -5 中对应六个模型的估计系数，说明环境非政府组织对环境全要素生产率的技术进步影响相对小一些。

表 7 -7　　　　环境全要素技术进步分析（省级面板数据）

解释变量	被解释变量：*TECH*					
	(1)	(2)	(3)	(4)	(5)	(6)
provengo	0.103 *** (0.005)	0.101 *** (0.005)				
ln*pengodta*			0.029 *** (0.006)	0.044 *** (0.006)		
ln*pengopop*					0.023 *** (0.001)	0.023 *** (0.001)
常数项	0.929 *** (0.005)	0.378 * (0.214)	0.952 *** (0.008)	-0.538 * (0.289)	0.927 *** (0.006)	-0.095 (0.235)
N	496	496	496	496	496	496
控制变量	Y	Y	Y	Y	Y	Y
时间固定效应	Y	Y	Y	Y	Y	Y
地区固定效应	Y	Y	Y	Y	Y	Y
R^2	0.729	0.736	0.449	0.521	0.642	0.675
F	75.311 [0.000]	53.599 [0.000]	22.901 [0.000]	20.929 [0.000]	50.260 [0.000]	39.865 [0.000]

注：括号内的数值为稳健型标准误；中括号内是 *P* 值；*、*** 分别表示 10%、1% 的显著性水平。

如表 7 -8 所示，在地级城市层面，三个环境非政府组织的指标对环境全要素生产率的技术进步均呈现显著的正向影响，*engo* 的估计系数略低于省级数据的估计系数，但 ln*engodata* 的估计系数大于省级数据的估计系数；ln*engopop* 的影响系数在两组数据中相对最小。六个模型的环境非政府组织对环境全要素生产率的技术进步影响系数与表 7 -4、表 7 -6 中对应六个模型的估计系数相比，只有 ln*engodata* 的估计系数略大一些，其他两个环境非政府组织的估计系数相对更小，同样说明在城市层面环境非政府组织对环境全要素生产率的技术进步影响相对小一些。

表7－8　　环境全要素技术进步分析（城市面板数据）

解释变量	被解释变量：*TECH*					
	(1)	(2)	(3)	(4)	(5)	(6)
engo	0.092*** (0.003)	0.094*** (0.003)				
ln*engodata*			0.072*** (0.003)	0.085*** (0.004)		
ln*engopop*					0.024*** (0.001)	0.026*** (0.001)
常数项	0.896*** (0.002)	0.965*** (0.047)	0.898*** (0.002)	0.837*** (0.049)	0.897*** (0.002)	0.867*** (0.048)
N	3692	3692	3692	3692	3692	3692
控制变量	Y	Y	Y	Y	Y	Y
时间固定效应	Y	Y	Y	Y	Y	Y
地区固定效应	Y	Y	Y	Y	Y	Y
R^2	0.690	0.695	0.655	0.667	0.673	0.682
F	580.342 [0.000]	429.745 [0.000]	495.203 [0.000]	377.360 [0.000]	538.108 [0.000]	403.094 [0.000]

注：括号内的数值为稳健型标准误；中括号内是 *P* 值；*** 表示1%的显著性水平。

第四节　小　　结

本章侧重于考察环境非政府组织对环境全要素生产率的影响，而环境全要素生产率是衡量一个地区环境质量改善、环境效率提升的重要指标。通过数据收集、指标测算、定量考察，最终得到以下研究结论：

第一，在已有文献的基础上，寻找到适合于测算环境全要素生产率的方法——采用非径向、非角度的SBM方向性距离函数测算M－L生产率，用它来衡量环境全要素生产率。通过对测算结果的研究发现，不管从省级层面还是从城市层面，中国的环境全要素生产率均出现不同水平的提高，而且随着时间的推进，环境全要素生产率改善的趋势越来越明显。

第二，通过省级和地级城市两个层面，分析考察了环境非政府组织对环境全要素生产率的影响。结果发现，环境非政府组织对环境全要素生产率具有显著的正向影响，而且估计系数的大小并不受其他控制变量的影响，说明一个地方的环境非政府组织发展对于提升该地区环境全要素生产率具有显著积极的影响。

第三，通过对环境全要素生产率进行分解，可以获得环境全要素生产率的效率变化和技术进步两个指标。本书进一步考察了环境非政府组织对环境全要素生产率的效率变化和技术进步的影响，结果发现环境非政府组织对这两个指标均具有显著的正向影响，说明环境非政府组织不仅影响环境全要素生产率，而且对环境全要素生产率的效率变化和技术进步均有影响，也可以理解为环境非政府组织对环境全要素生产率的影响机制是通过影响效率变化和技术进步，进而影响环境全要素生产率。

| 第八章 |

结论与建议

第一节 研究结论

本书全面梳理了环境非政府组织在国际和中国的发展历程、对环境非政府组织参与环境治理的主要途径，重点对国内外环境非政府组织参与环境治理的相关研究进行了全面的回顾和分析。在此基础上，将环境非政府组织的环境治理效应作为研究主题，从理论上加以论证，分别从环境非政府组织参与环境治理的减排效应、产业转移效应和生产率效应三个方面进行实证考察。现对全书进行归纳和总结。

一、环境非政府组织在经济高质量增长中发挥着环境治理的作用

本书在内生经济增长模型的基础上，将环境非政府组织的从业人员数或者环境非政府组织的机构规模作为一种人力资本，引入总人力资本函数；并将环境作为一个独立的中间产品生产部门；在效用函数中考虑了对环境的消费和环境意识变量，环境意识的提升是由环境非政府组织决定的。综合上述条件，构建动态最优化模型并求解，在优化求解的基础上进行比较静态分析后，得到三点主要结论：（1）环境非政府组织的从业人员或者环境非政府组织的机构壮大可以降低环境污染排放水平，即环境非政府组织对环境污染有抑制作用，说明环境非政府组织具有环境治理的效应；（2）环境非政

府组织的从业人员增加或者环境非政府组织的机构壮大，污染企业的污染行为会受到监督，被迫增加污染治理成本，迫使企业向环境非政府组织发展相对滞后的地区转移，说明环境非政府组织存在污染产业转移效应；(3) 环境非政府组织的从业人员增加或者环境非政府组织的机构壮大会让更多企业选择绿色生产行为，进而可以促进全社会的环境全要素生产率提升。

二、环境非政府组织具有环境减排效应

本书从 OECD 国家、中国省级层面和城市层面分别考察了环境非政府组织的减排效应。通过手工收集数据，获得每个 OECD 国家、中国的每个省、每个城市历年的环境非政府组织数据集，通过构建衡量环境非政府组织发展程度的变量，并用 OECD 国家的诸多空气污染数据、省级和地级市的三废排放数据，以及 API、$PM_{2.5}$等数据衡量污染排放。结果发现，环境非政府组织对上述污染指标均具有显著的负向影响。尽管存在指标度量不同，减排效应大小不一样，但是从不同层次得到环境非政府组织对环境污染指标均具有负向影响，说明环境非政府组织具有显著的减排效应。本书还对环境非政府组织的减排效应机制进行了详细的考察，这对于理解环境非政府组织的环境治理行为具有重要意义。

三、环境非政府组织具有污染产业转移效应

从省级层面的污染产业出发，本书使用六个污染产业的就业区位熵来衡量每个污染产业的重要程度，并使用总污染产业的就业人数计算总区位熵以衡量整体污染产业的重要程度，考察省级环境非政府组织指标对污染产业区位熵的影响。结果发现，环境非政府组织对污染产业总区位熵具有显著的负向影响，说明环境非政府组织发展水平的提高，对一个地区整体污染产业具有挤出效应，即从全国平均水平来看，对污染产业具有产业转移效应。分产业考察发现，环境非政府组织对六个污染产业均具有负向影响，但只对部分污染产业具有显著的负向影响，具体分析发现主要是对一些

可移动性强的污染产业负向影响显著；对于可移动性弱的产业负向影响不显著。

四、环境非政府组织具有环境全要素生产率提升效应

本书采用非径向、非角度的SBM方向性距离函数测算M－L指数以衡量省级和城市级环境全要素生产率。单从环境全要素生产率的指数来看，不管是从省级层面还是城市层面，中国的环境全要素生产率均出现不同水平的提高，而且随着时间的推移，环境全要素生产率改善的趋势越来越明显。考察环境非政府组织对环境全要素生产率的影响后发现，从省级和地级城市两个层面，环境非政府组织对环境全要素生产率均具有显著的正向影响，而且估计系数的大小并不受其他控制变量的影响，说明一个地区的环境非政府组织发展有利于提升该地区环境全要素生产率；通过对环境全要素生产率进行分解，可以获得环境全要素生产率的效率变化和技术进步两个指标，本书进一步考察了环境非政府组织对环境全要素生产率的效率变化和技术进步的影响，结果发现环境非政府组织对效率变化和技术进步均具有显著的正向影响，说明环境非政府组织不仅影响环境全要素生产率，而且对环境全要素生产率的效率变化和技术进步也具有正向影响。说明环境非政府组织通过影响效率变化和技术进步，进而影响环境全要素生产率。

五、环境非政府组织参与环境治理的具体机制

本书在减排效应、产业转移效应和环境全要素生产率提升效应的研究中，均对相应的影响机制进行了详细研究：（1）在OECD国家，本书通过分析发现，环境非政府组织通过影响空气污染排放水平，进而影响居民的生育率和预期寿命。这一点结论说明，环境非政府组织可以对人们的生育意愿和预期寿命产生影响，验证了环境污染治理的重要性。（2）对省级的减排效应研究发现，环境非政府组织主要通过增加省级的环境投资，进而促进省级污染物的减排效应，说明环境非政府组织的环境治理行为可以促使政府和企业

增加环境治理投资，通过安装设备来减少排放量。(3) 对城市的减排效应研究发现，环境非政府组织对工业烟尘处理率、工业二氧化硫去除率和废水达标率均具有显著的正向影响，说明环境非政府组织对具体环境治理具有改善作用。(4) 对产业转移的机制分析发现，环境非政府组织无法直接改变污染产业的转移，而主要是通过增加环境治理投资，从而逼迫无法承担环境治理投资的污染企业转移出去，进而实现产业转移的目的。

第二节　政策建议

一、积极扶持环境非政府组织发展和壮大

通过环境非政府组织在 OECD 国家的发展实践，发现环境非政府组织在环境公共政策制定过程中充当“公民代言人”的角色，它们可以参与政策的制定，在舆论方面可以充当“社会舆论形成者”；同时，在政策实施过程中充当“政策实施监督者”的角色。由于环境非政府组织的非营利性，可以在环境污染地区的环境治理和经济发展过程中开展环境教育、环境监督等环境公益项目。而且由于环境非政府组织的非营利性，其在对污染重灾区的治理和发展工作中能供给低成本协助、对多样性的环保公益事业能作出及时的反应等方面具有明显的优势，在一定程度上弥补了现有体制的局限。

(一) 加强环境公共决策体制的民主性与科学性

民主性和科学性是公共决策的基本属性。环境政策的制定和决策，需要全民参与，但是实现全民参与是非常困难的。一方面，个体和群体数量众多，无法收集所有个体和群体的意见，统计意见也是极为困难的。另一方面，公共决策部门不可能具备决策需要的所有知识、信息，也不具备处理和收集所有意见的软硬件条件。另外，由于中国区域发展不平衡，一些经济落后的地区，政府部门受传统政绩观念的影响，很难在制定公共政策时将环境保护作为约束条件。发展和壮大环境非政府组织，特别是民间的环境非政府

组织，可以在一定程度上解决这个决策问题。环境非政府组织正好可以充当“公民代言人”的角色。环境非政府组织具备较高的环境保护知识，而且具有非营利性的特征，环境非政府组织可以倾听人们的需求和愿望，较好地代表全民的利益，参与环境政策的制定，让环境政策的决策具有更高的民主性和科学性。

（二）实现环境公共政策的生态环境保护目标

目前中国的环境非政府组织，其基本业务均有生态环境领域的实时监测任务。而且环境非政府组织的工作人员大多由具有较高学历、具备较好的环保知识的志愿者构成，还有一部分高级志愿者具有地区参政议政的资格。这些优秀的环境保护志愿者可以依托其环境非政府组织的经验、智慧，以及第一手的监督数据信息，在政府公共政策制定过程中，提出参政议政的建议，将环境公共政策写入公共政策中，通过监督环境公共政策的实施，达到生态环境保护的目标。

二、加强环境非政府组织的环境教育功能

随着中国的环境污染不断加重，居民的环境意识也在同步提升。但是，环境知识的增加与环境意识提升并不对等，环境知识的获取速度远慢于环境意识的提升速度，提高环境知识水平迫在眉睫。教育是知识获取的主要途径，但与中国环境污染相比，中国的环境教育相对滞后，特别是在传统的正规教育中，有关环境方面的知识很有限。因此，通过正规教育在短时间内达到环境教育的目标是很难的，开展环境知识的全民教育就非常必要。但是在中国，还没有形成环境知识全民教育的政策体系。此时，环境非政府组织应当承担起这个历史重任。

（一）开展中小学和社区环境教育，提升公众环境意识和知识

环境教育是环境非政府组织最基本的功能之一。首先，环境非政府组织招募中小学生志愿者，并培养他们成为环境保护的维护者。借鉴发达国家非政府组织在环境教育方面的经验，在中小学生中招募会员。通过对中

小学生进行环境教育，培养其热爱自然的意识，同时也让他们获得环境知识。这些知识先是影响这个孩子，然后是影响这个孩子的父母，还可以影响这些孩子的未来一生。他们成为志愿者后，通过志愿者活动，可以让这种影响不断扩散到周边的其他家庭和群体，促进环境保护的永续性。其次，环境非政府组织可以通过社区教育介入，让环境教育成为社区教育的重要组成部分。社区教育被认为是大众教育或者社会教育。当前，中国城市居民大多以社区作为生活活动区域，社区教育具备良好的发展基础。但是社区教育却并没有引起广泛的重视，特别是社区教育的内容几乎是空白的。在发展社区教育的过程中，环境非政府组织可以借助社区教育发展的春风，将环境教育内容纳入社区教育，这不仅能填补社区教育的内容空白，还可以将环境教育顺利地推向社区各个居民，特别是在每个社区发展一些环境非政府组织的志愿者，让这种社区教育变成自组织教育，促进社区教育的可持续性。

（二）通过环境教育形成环境共识，推进环境伦理建设

环境伦理并不是与经济社会发展同步，而是当环境受到严重威胁后，形成的一种环境共识，这种环境共识会影响个人和群体的环境意识，从而规范个人和群体的环境行为。环境非政府组织是专业性极强的社会组织，在环境知识、环境教育的供给，以及推进和谐环境伦理方面均具有先天的优势。因此，环境非政府组织应该承担起环境教育的职能。一方面，环境非政府组织通过宣传和普及形式多样、内容丰富的环境知识，提升公众的环境意识；另一方面，环境非政府组织的公益性、志愿性和非营利性特点，可以让环境知识的宣传和普及很快推广，进而发展更多的志愿者，让志愿者的公益性得到充分放大，并使环境伦理的特征和属性通过环境宣传教育得到公众的认可，形成一个环境共识，促进环境伦理建设。

三、加强环境非政府组织的环境监督宣传功能

环境非政府组织的环境监督宣传功能具有两个层面的含义：一是针对环境污染排放、环境质量的监督，获得环境信息；二是针对环境信息的宣传。

环境非政府组织只有将环境监督宣传功能发挥好，才有可能在环境治理过程中发挥应有的作用。

（一）发挥环境非政府组织的志愿者优势，执行环境监督功能

环境非政府组织的环境监督功能对于环境治理是至关重要的。环境污染问题需要找到其源头，而环境非政府组织有义务将这些源头找出来。一般来说，环境污染源具有隐蔽性，例如企业污染排放行为，靠政府常规的检查，一般很难从根本上解决问题，因为企业会根据政府检查的规律决定自己的排放行为。这时，就需要环境非政府组织的众多志愿者。这些志愿者可能是这些环境污染的受害者，对企业的违规排放行为非常敏感，可以很负责任地将监督信息收集起来。因此，环境非政府组织需要发挥其机构和会员（志愿者）的规模优势，对环境污染排放、环境质量进行监督。

（二）利用现代信息技术发布环境信息，实现环境宣传功能

环境信息获得之后，如何让大众知道，这就需要发挥环境非政府组织的环境信息宣传功能。环境非政府组织可以利用现代信息技术，特别是随着移动终端和新一代信息技术（5G）的发展，人们可以通过移动终端随时获得环境非政府组织推送的环境信息，这对于个人、企业和政府的环境行为均具有重要的影响。具体来说，如果一个企业的违规排放信息出现在推送的公共信息中，必然会对企业的形象产生负面影响，影响企业的经营业绩，企业必然会改变自己的环境行为，使其生产变得绿色环保。对政府来说，经常处于排名靠前。政府部门必然会更加重视环境问题，如此便会推动政府投入更多资金，推行更多政策，加快环境治理，改善环境质量。对于个人来说，通过环境非政府组织的环境信息，可以随时了解自己身边的环境质量，从而提前安排自己的出行计划或个人行为，同时还可以将环境质量作为个人居住地选择决策的一个重要因素。所以，环境非政府组织的环境宣传功能可以推动环境信息的公开，让每个群体获得对自己有用的环境信息，从而做出更为绿色的环境行为。

四、积极引导环境非政府组织参与环境治理

壮大环境非政府组织的规模、加强环境教育和环境监督宣传，这些仅是环境非政府组织通过自己的使命，间接影响环境治理。但是对于中国当前的环境污染问题，环境非政府组织间接参与环境治理是不够的，需要通过正确认识环境非政府组织在环境治理过程中的主体地位，通过创造环境非政府组织参与环境治理的制度环境，积极引导多种资本进入环境非政府组织。

（一）正确认识环境非政府组织在环境治理中的主体地位

环境治理是一个长期过程，需要各个参与主体参与。环境非政府组织是其中一个重要的参与主体，应该确立环境非政府组织在环境治理过程中的主体地位。在法律上，有了主体地位，就可以行使主体的权利和义务，可以顺理成章地在环境治理决策、环境治理过程、环境可持续发展中发挥相应的作用。但是环境非政府组织的主体地位如何确定？通常的做法，是在《环境保护法》中，将环境非政府组织的主体地位加以确立，并对其在环境治理过程中的权利、义务进行界定，通过立法确定环境非政府组织可以参与监督环境治理实施全过程和直接参与环境治理决策。特别要赋予环境非政府组织在环境治理过程中不同于其他主体的一些特殊权利，例如环境监督的特殊权。这些特殊权利可以让环境非政府组织具备丰富的环境保护知识，从而更好地服务于环境治理。

（二）创造环境非政府组织参与环境治理的制度环境

随着环境非政府组织的发展，部分环境非政府组织已经参与到环境治理过程中，但是大多数环境非政府组织，只是发挥其最基本的职能。要让所有的环境非政府组织均参与环境治理，需要在制度环境方面进行创新。目前，已有一定的制度建立起来，例如在环境治理决策机制过程中实行了听证制，政府可以听取环境非政府组织关于具体环境治理策略的对策建议，也可以否决环境治理决策。但是目前并非所有的环境治理决策都有这样的制度环境。各级政府，特别是环境管理部门，应加快制度环境的建设，让更多的环境非

政府组织参与到环境治理过程中，并发挥它们的优势。

（三）积极引导多种资本进入环境非政府组织

环境非政府组织是非营利性组织，它们的创办资本和运营费是一个非常大的问题。由于环境非政府组织的非营利性，不可能通过其业务来赚钱，只能接受社会的捐赠，但是零星的捐赠无法让环境非政府组织长期可持续地运营。因此，应积极引导多种资本进入环境非政府组织，建立起环境非政府组织的资金保障机制和体制。在我国，作为大多数环境非政府组织的捐赠机构——阿拉善 SEE 基金会（北京市企业家环保基金会），在确保环境非政府组织的正常运营中起着重要的作用。阿拉善 SEE 基金会成立于 2004 年 6 月，它是以中国企业家为主体，以社会责任为己任，以保护生态为目标的社会组织。该基金会的使命是资助和扶持中国民间环境非政府组织的成长，打造企业家—NGO—公众三个群体共同参与的社会化平台。2014 年底，阿拉善 SEE 基金会升级为公募基金会，将环境保护公益作为基础，并重点资助荒漠化防治、绿色供应链与污染防治、生态保护与自然教育三个领域。从资料显示来看，2018 年阿拉善 SEE 基金会接受社会的捐赠资金达到近 2 亿元（195470330.18 元），其中捐赠最多的有支付宝、财付通等公司。目前，受阿拉善 SEE 基金会资助的环境非政府组织较多，具有代表性的是公众环境研究中心（Institute of Public and Environmental Affairs，IPE），成立于 2006 年，收集、整理和分析政府和企业公开的环境信息，开发了环境信息数据库和污染地图网站、蔚蓝地图 App 两个应用平台，在绿色采购、绿色金融和政府环境决策方面提供了大量的环境信息。可见，环境非政府组织的资金保障是非常重要的，但应该有更多像阿拉善 SEE 这样的基金会，以促进环境非政府组织的不断发展壮大。

第三节　不足与展望

一、不足之处

本书主要从理论上将环境非政府组织引入经济增长模型，并进行理论推演，再从定量角度考察环境非政府组织的建立和规模壮大在环境治理过程中的减排效应、产业转移效应和生产率提升效应。对于环境非政府组织在环境治理中的具体作用机制进行详细的考察，还存在一些不足之处：

（一）将环境非政府组织纳入理论模型存在不足之处

在理论模型中，本书将环境非政府组织纳入到理论分析中。具体做法是将环境非政府组织从业人员作为一个生产要素纳入生产函数，存在一定的不足。目前，环境非政府组织的从业人员在整个就业人员（人才资本）中的比重较小，而且环境非政府组织的大量从业人员是志愿者，很难将他们从其他就业中剥离出来，进而让生产函数的设定受到一定的质疑。此外，从生产函数中引入环境非政府组织的因素具有一定理论创新，但是细节处理和模型解决还有一些方面需要加以细化。

（二）环境非政府组织在环境治理过程中的作用量化问题

研究环境非政府组织的环境治理效应，首先需要对环境非政府组织在环境治理过程中的作用进行量化。每个环境非政府组织的成立时间、发展规模、从业人员、业务重点、服务区域，每个从业人员的素质等均存在差异。而在本书中，将这些因素看成是同质，这难免会导致度量误差。特别是在地级市层面，有些城市一家环境非政府组织都没有，但并不意味着其环境治理不好。同理，拥有一些成立不久、其业务还并未开展的环境非政府组织，并不意味着这个城市的环境状态就一定会得到改善。度量误差是本书中不可避免的问题。本书也采用了一些办法进行解决，例如采用工具变量方法进行克服，但工具变量的适用性也存在一定的质疑。

（三）对环境非政府组织的环境治理效应估计中存在不足

定量研究，精确地估计一个因素对另外一个因素的影响效应，是一件非常困难的事，本书也存在同样的问题。本书将环境治理的地区效应、产业转移效应和生产率效应分别进行了估计，估计结果均非常理想。但这种估计结果与现实情况是否存在差距尚需进一步研究。经济学直觉可能会发现，环境非政府组织在环境治理过程中，这些效应可能并不明显，但是通过本书的数据分析，发现在平均意义上，这些效应均显著，这可能与经济学直觉存在差异。

二、研究展望

本书较为系统地定量研究环境非政府组织的环境治理效应。但随着可持续发展理念的深入人心，环境非政府组织将会不断壮大，针对环境非政府组织的研究还只是跨出了第一步。在本书的基础上，可以进行以下方面的扩展研究：

（一）在理论模型上，存在进一步扩展空间

理论创新非常困难，但也非常重要。在本书的基础上，可以将环境非政府组织的因素在理论模型中的作用进行细化，并在均衡状态下加以分析，这对于正确认识环境非政府组织的作用非常有帮助。而且在实践上，会极大地激励环境非政府组织更为积极地开展环境治理活动，让更多的企业、个人成为环境非政府组织的捐赠者和志愿者，共同推进环境治理事业。

（二）在研究尺度上，有待进一步拓展

首先，可以在国别研究上作进一步拓展。国家之间的环境非政府组织发展存在巨大的差异，这种差异产生的原因是什么？是政府制度、国家发展阶段的差异，还是环境污染的严重差异？此外，国家之间的环境非政府组织参与环境治理的机制体制分别是什么，这些机制体制如何影响环境非政府组织的环境治理？分别对发达国家、发展中国家、欠发达国家进行研究，可以更为清楚地认识到环境非政府组织在国家之间作用差异存在的原因。

其次，在中观和微观层面上可以作进一步拓展。本书中，由于中观层面上的数据还不全，特别是城市层面，分产业的数据很难获得。因此，随着未来数据资源的丰富，特别是环境非政府组织的统计更为完善，可以将中观层面上的区域和产业效应研究得更加深入。这对于中国的环境治理具有非常重要的意义。在微观层面，仅仅研究企业的排污行为，但只是利用省级和城市

级两个层面的加总数据，所以还不能算是真正意义上的微观层面研究。事实上，环境非政府组织的作用主要在微观层面，直接体现为对企业和个人环境行为的改善。然而微观数据的获得较难，需要通过大量的调查或者跟踪调查，才能获得个体和企业的数据，但只有使用微观数据才能将环境非政府组织的研究深入。可喜的是，目前已有不少微观调查数据资源，但这些数据是否能够与环境非政府组织进行匹配，并在此基础展开相关研究，这些均需要进行深入思考。

参考文献

[1] 白永亮，党彦龙，杨树旺．长江中游城市群生态文明建设合作研究——基于鄂湘赣皖四省经济增长与环境污染差异的比较分析［J］．甘肃社会科学，2014（01）：199－204.

[2] 包群，彭水军．经济增长与环境污染：基于面板数据的联立方程估计［J］．世界经济，2006（11）：48－58.

[3] 卞元超，宋凯艺，白俊红．双重分权、竞争激励与绿色全要素生产率提升［J］．产业经济评论，2018（03）：15－34.

[4] 蔡嘉瑶，张建华．财政分权与环境治理——基于“省直管县”财政改革的准自然实验研究［J］．经济学动态，2018（01）：53－68.

[5] 蔡乌赶，周小亮．中国环境规制对绿色全要素生产率的双重效应［J］．经济学家，2017（09）：29－37.

[6] 曹静，王鑫，钟笑寒．限行政策是否改善了北京市的空气质量？［J］．经济学（季刊），2014（03）：1091－1126.

[7] 陈昌兵，张平，刘霞辉，张自然．城市化、产业效率与经济增长［J］．经济研究，2009（10）：4－21.

[8] 陈冬梅，苑红宇．$PM_{2.5}$对人体呼吸系统及心血管系统影响的研究［J］．沈阳医学院学报，2014（01）：39－41.

[9] 陈明．我国省以下财政分权对环境污染的影响［J］．西安财经学院学报，2014（05）：5－10.

[10] 陈诗一．能源消耗、二氧化碳排放与中国工业的可持续发展［J］．

经济研究，2009（04）：41－55.

［11］陈昭，刘巍，茹纯子．中国经济增长与环境污染的关系——基于分省的面板协整模型分析［J］．当代财经，2008（11）：18－23.

［12］谌莹，张捷．碳排放、绿色全要素生产率和经济增长［J］．数量经济技术经济研究，201，33（08）：47－63.

［13］池上新，陈诚，许英．环境关心与环保支付意愿：政府信任的调节效应——兼论环境治理的困境［J］．中国地质大学学报（社会科学版），2017（05）：72－79.

［14］丛霞．环境非政府组织的地位和作用［D］．青岛：青岛大学，2005.

［15］邓国营，徐舒，赵绍阳．环境治理的经济价值：基于 CIC 方法的测度［J］．世界经济，2012（09）：143－160.

［16］董琨，白彬．中国区域间产业转移的污染天堂效应检验［J］．中国人口·资源与环境，2015（S2）：46－50.

［17］杜俊涛，陈雨，宋马林．财政分权、环境规制与绿色全要素生产率［J］．科学决策，2017（09）：65－92.

［18］方堃．论我国现行《环境保护法》的完善及环境立法走向［J］．上海交通大学学报（哲学社会科学版），2006（05）：25－30.

［19］傅京燕，胡瑾，曹翔．不同来源 FDI、环境规制与绿色全要素生产率［J］．国际贸易问题，2018（07）：134－148.

［20］傅京燕，李丽莎．环境规制、要素禀赋与产业国际竞争力的实证研究——基于中国制造业的面板数据［J］．管理世界，2010（10）：87－98.

［21］傅帅雄，张可云，张文彬．环境规制与中国工业区域布局的“污染天堂”效应［J］．山西财经大学学报，2011（07）：8－14.

［22］傅帅雄，张文彬，张可云．污染型行业区域布局的转移趋势——基于全要素生产率视角［J］．财经科学，2011（11）：53－60.

［23］高宏霞，杨林，王节．中国各省经济增长与环境污染关系的研究与预测——对环境库兹涅茨曲线的内在机理研究［J］．辽宁大学学报（哲学社会科学版），2012（01）：47－59.

[24] 龚新蜀，李梦洁．OFDI、环境规制与中国工业绿色全要素生产率[J]．国际商务研究，2019（01）：86－96.

[25] 邴小明，黄森．“美丽中国”背景下中国区域产业转移对工业绿色效率的影响研究——基于 SBM—undesirable 模型和空间计量模型[J]．重庆大学学报（社会科学版），2018（04）：1－11.

[26] 韩超，张伟广，单双．规制治理、公众诉求与环境污染——基于地区间环境治理策略互动的经验分析[J]．财贸经济，2016（09）：144－161.

[27] 韩国高，张超．财政分权和晋升激励对城市环境污染的影响——兼论绿色考核对我国环境治理的重要性[J]．城市问题，2018（02）：25－35.

[28] 郝宇，廖华，魏一鸣．中国能源消费和电力消费的环境库兹涅茨曲线：基于面板数据空间计量模型的分析[J]．中国软科学，2014（01）：134－147.

[29] 何可，张俊飚，张露，吴雪莲．人际信任、制度信任与农民环境治理参与意愿——以农业废弃物资源化为例[J]．管理世界，2015（05）：75－88.

[30] 贺胜兵，田银华，胡石其．环境约束下地区全要素生产率增长的再估算：1998—2008[J]．系统工程，2010（11）：47－57.

[31] 洪霞．攻克环境诉讼难关的他山之石——简评《日本公害诉讼理论与案例评析》[J]．社会科学战线，2006（03）：329－330.

[32] 胡鞍钢．从人口大国到人力资本大国：1980—2000 年[J]．中国人口科学，2002（05）：1－10.

[33] 胡鞍钢，郑京海，高宇宁，张宁，许海萍．考虑环境因素的省级技术效率排名（1999—2005）[J]．经济学（季刊），2008（03）：933－960.

[34] 胡军．企业与环境非政府组织联盟的风险及其防范初探[J]．现代财经天津财经大学学报，2008（01）：71－74.

[35] 黄庆华，胡江峰，陈习定．环境规制与绿色全要素生产率：两难还是双赢？[J]．中国人口·资源与环境，2018（11）：140－149.

[36] 黄荣贵，桂勇．非政府组织的微博影响力及其影响因素——以ENGO为例[J]．学习与探索，2014（07）：38-44.

[37] 黄荣贵，桂勇，孙小逸．微博空间组织间网络结构及其形成机制以环保NGO为例[J]．社会，2014（03）：37-60.

[38] 黄秀路，韩先锋，葛鹏飞．"一带一路"国家绿色全要素生产率的时空演变及影响机制[J]．经济管理，2017（09）：6-19.

[39] 靳亚阁，常蕊．环境规制与工业全要素生产率——基于280个地级市的动态面板数据实证研究[J]．经济问题，2016（11）：18-23.

[40] 匡远凤，彭代彦．中国环境生产效率与环境全要素生产率分析[J]．经济研究，2012（07）：62-74.

[41] 雷平，高青山，施祖麟．非政府组织对区域环境规制水平影响研究[J]．中国人口·资源与环境，2016（10）：34-43.

[42] 李斌，祁源，李倩．财政分权、FDI与绿色全要素生产率——基于面板数据动态GMM方法的实证检验[J]．国际贸易问题，2016（07）：119-129.

[43] 李冬．日本的环境立国战略及其启示[J]．现代日本经济，2008（02）：6-9.

[44] 李峰．试论英国的环境非政府组织[J]．学术论坛，2003（06）：47-50.

[45] 李国正，艾小青，陈连磊，高书平．社会投资视角下环境治理、公共服务供给与劳动力空间集聚研究[J]．中国人口·资源与环境，2018（05）：58-65.

[46] 李静．中国区域环境效率的差异与影响因素研究[J]．南方经济，2009（12）：24-35.

[47] 李俊．制度压力对中国污染密集型代工企业空间转移的影响[J]．社会科学战线，2014（07）：252-254.

[48] 李楠，乔榛．国有企业改制政策效果的实证分析——基于双重差分模型的估计[J]．国有经济评论，2009（01）：3-21.

[49] 李苏，邱国玉．企业社会责任背景下企业与环境非政府组织的跨界合作[J]．生态经济，2012（08）：140-143.

[50] 李卫兵，梁榜．中国区域绿色全要素生产率溢出效应研究［J］．华中科技大学学报（社会科学版），2017（04）：56－66.

[51] 李卫兵，刘方文，王滨．环境规制有助于提升绿色全要素生产率吗？——基于两控区政策的估计［J］．华中科技大学学报（社会科学版），2019（01）：72－82.

[52] 李卫兵，涂蕾．中国城市绿色全要素生产率的空间差异与收敛性分析［J］．城市问题，2017（09）：55－63.

[53] 李艳芳．公众参与环境保护的法律制度建设——以非政府组织（NGO）为中心［J］．浙江社会科学，2004（02）：83－88.

[54] 李正升．中国式分权竞争与环境治理［J］．广东财经大学学报，2014（06）：4－12.

[55] 李挚萍．美国〈国家环境政策法〉的实施效果与历史局限性［J］．中国地质大学学报（社会科学版），2009（03）：50－56.

[56] 李子豪．公众参与对地方政府环境治理的影响——2003—2013年省际数据的实证分析［J］．中国行政管理，2017（08）：102－108.

[57] 黎尔平．"针灸法"：环保NGO参与环境政策的制度安排［J］．公共管理学报，2007（01）：78－83.

[58] 林卡，易龙飞．参与与赋权：环境治理的地方创新［J］．探索与争鸣，2014（11）：43－47.

[59] 刘和旺，左文婷．环境规制对我国省际绿色全要素生产率的影响［J］．统计与决策，2016（09）：141－145.

[60] 刘洪斌．山东省海洋产业发展目标分解及结构优化［J］．中国人口·资源与环境，2009，109（03）：140－145.

[61] 刘华军，李超，彭莹，贾文星．中国绿色全要素生产率增长的空间不平衡及其成因解析［J］．财经理论与实践，2018（05）：116－121.

[62] 刘建民，王蓓，陈霞．财政分权对环境污染的非线性效应研究——基于中国272个地级市面板数据的PSTR模型分析［J］．经济学动态，2015（03）：82－89.

[63] 刘炯．生态转移支付对地方政府环境治理的激励效应——基于东部六省46个地级市的经验证据［J］．财经研究，2015（02）：54－65.

[64] 刘瑞翔，安同良．资源环境约束下中国经济增长绩效变化趋势与因素分析——基于一种新型生产率指数构建与分解方法的研究 [J]．经济研究，2012 (11)：34 - 47.

[65] 刘淑妍，朱德米．当前中国公共决策中公民参与的制度建设与评价研究 [J]．中国行政管理，2015 (06)：101 - 106.

[66] 刘小青．公众对环境治理主体选择偏好的代际差异——基于两项跨度十年调查数据的实证研究 [J]．中国地质大学学报（社会科学版），2012 (01)：60 - 66，139.

[67] 刘赢时，田银华，罗迎．产业结构升级、能源效率与绿色全要素生产率 [J]．财经理论与实践，2018 (01)：118 - 126.

[68] 楼苏萍．西方国家公众参与环境治理的途径与机制 [J]．学术论坛，2012 (03)：32 - 36.

[69] 卢洪友．发达国家环境治理经验的中国借鉴 [J]．人民论坛·学术前沿，2013 (15)：76 - 81.

[70] 卢建新，于路路，陈少衔．工业用地出让、引资质量底线竞争与环境污染——基于252个地级市面板数据的经验分析 [J]．中国人口·资源与环境，2017 (03)：90 - 98.

[71] 鲁茨·凯．西方环境运动：地方、国家和全球向度 [M]．济南：山东大学出版社，2005.

[72] 吕庆喆，褚雷．可持续发展视野下的生活质量指标体系研究——英国政府层面的生活质量指标体系构建及启示 [J]．山东社会科学，2011 (01)：36 - 40.

[73] 马亮．绩效排名、政府响应与环境治理：中国城市空气污染控制的实证研究 [J]．南京社会科学，2016 (08)：66 - 73.

[74] 毛德凤，彭飞，刘华．城市扩张、财政分权与环境污染——基于263个地级市面板数据的实证分析 [J]．中南财经政法大学学报，2016 (05)：42 - 53.

[75] 茅于轼．美国政府的环境保护政策 [J]．美国研究，1990 (02)：94 - 111.

[76] 孟新祺．国际碳排放权交易体系对我国碳市场建立的启示 [J].

学术交流，2014（01）：78－81.

［77］潘越，陈秋平，戴亦一．绿色绩效考核与区域环境治理——来自官员更替的证据［J］．厦门大学学报（哲学社会科学版），2017（01）：23－32.

［78］彭峰，闫立东．环境与发展：理想主义抑或现实主义？——以法国〈推动绿色增长之能源转型法令〉为例［J］．上海大学学报（社会科学版），2015（03）：16－29.

［79］彭峰，周淑贞．环境规制下本土技术转移与我国高技术产业创新效率［J］．科技进步与对策，2017（22）：115－119.

［80］彭文斌，吴伟平，李志敏．环境规制视角下污染产业转移的实证研究［J］．湖南科技大学学报（社会科学版），2011（03）：78－80.

［81］彭文斌，吴伟平，王冲．基于公众参与的污染产业转移演化博弈分析［J］．湖南科技大学学报（社会科学版），2013（01）：100－104.

［82］皮建才，赵润之．京津冀协同发展中的环境治理：单边治理与共同治理的比较［J］．经济评论，2017（05）：40－50.

［83］秦鹏，唐道鸿，田亦尧．环境治理公众参与的主体困境与制度回应［J］．重庆大学学报（社会科学版），2016（04）：126－132.

［84］秦晓丽，于文超．外商直接投资、经济增长与环境污染——基于中国259个地级市的空间面板数据的实证研究［J］．宏观经济研究，2016（06）：127－134.

［85］任小静，屈小娥，张蕾蕾．环境规制对环境污染空间演变的影响［J］．北京理工大学学报（社会科学版），2018（01）：1－8.

［86］邵帅，张可，豆建民．经济集聚的节能减排效应：理论与中国经验［J］．管理世界，2019（01）：36－60.

［87］申进忠．我国环境信息公开制度论析［J］．南开学报（哲学社会科学版），2010（02）：48－55.

［88］沈可挺，龚健健．环境污染、技术进步与中国高耗能产业——基于环境全要素生产率的实证分析［J］．中国工业经济，2011（12）：25－34.

［89］沈坤荣，金刚．中国地方政府环境治理的政策效应——基于“河

长制”演进的研究［J］. 中国社会科学，2018（05）：92－115.

［90］沈坤荣，金刚，方娴. 环境规制引起了污染就近转移吗？［J］. 经济研究，2017（05）：44－59.

［91］师博，姚峰，李辉. 创新投入、市场竞争与制造业绿色全要素生产率［J］. 人文杂志，2018（01）：26－36.

［92］石庆玲，陈诗一，郭峰. 环保部约谈与环境治理：以空气污染为例［J］. 统计研究，2017（10）：88－97.

［93］史安娜，马轶群. 苏浙两省经济增长—环境污染效应实证分析——“苏南模式”与“温州模式”的比较研究［J］. 南京社会科学，2011（04）：8－15.

［94］宋德勇，蔡星. 地区间环境规制的空间策略互动——基于地级市层面的实证研究［J］. 工业技术经济，2018（07）：112－118.

［95］宋美喆，柒江艺. 数字经济背景下环境规制对绿色全要素生产率的影响——基于城市面板数据的分析［J］. 中国流通经济，2023，37（06）：14－26.

［96］孙超平，刘慧敏，吴勇. 我国纺织业空间集聚水平测度与系统效率评价研究［J］. 工业技术经济，2015（12）：21－29.

［97］孙开，孙琳. 基于投入产出率的财政环境保护支出效率研究——以吉林省地级市面板数据为依据的 DEA—Tobit 分析［J］. 税务与经济，2016（05）：101－106.

［98］孙涛，温雪梅. 府际关系视角下的区域环境治理——基于京津冀地区大气治理政策文本的量化分析［J］. 城市发展研究，2017（12）：45－53.

［99］孙涛，温雪梅. 动态演化视角下区域环境治理的府际合作网络研究——以京津冀大气治理为例［J］. 中国行政管理，2018（05）：83－89.

［100］孙伟增，罗党论，郑思齐，万广华. 环保考核、地方官员晋升与环境治理——基于 2004—2009 年中国 86 个重点城市的经验证据［J］. 清华大学学报（哲学社会科学版），2014（04）：49－62.

［101］谭政，王学义. 绿色全要素生产率省际空间学习效应实证［J］.

中国人口·资源与环境，2016（10）：17－24.

［102］汤旖璆．我国城市经济发展与环境规制关系研究——财政分权下地级市政府环境规制效果分析［J］．价格理论与实践，2017（09）：144－147.

［103］涂正革，邓辉，甘天琦．公众参与中国环境治理的逻辑：理论、实践和模式［J］．华中师范大学学报（人文社会科学版），2018（03）：49－61.

［104］汪连杰．社会治理、环境治理与老年人主观幸福感研究——基于CGSS第2013）数据的实证分析［J］．财经论丛，2018（05）：97－104.

［105］王兵，聂欣．产业集聚与环境治理：助力还是阻力——来自开发区设立准自然实验的证据［J］．中国工业经济，2016（12）：75－89.

［106］王兵，吴延瑞，颜鹏飞．中国区域环境效率与环境全要素生产率增长［J］．经济研究，2010（05）：95－109.

［107］王红梅，刘红岩．我国环境治理公众参与：模型构建与实践应用［J］．求是学刊，2016（04）：65－71.

［108］王红梅，王振杰．环境治理政策工具比较和选择——以北京$PM_{2.5}$治理为例［J］．中国行政管理，2016（08）：126－131.

［109］王宏娜，向佐群．国外非政府组织参与环境保护对我国的借鉴［J］．内蒙古林业调查设计，2009（01）：1－3.

［110］王华春，于达．财力与支出责任匹配下的地方政府环境治理研究——基于中国278个地级市的面板数据分析［J］．经济体制改革，2017（06）：153－160.

［111］王积龙．我国ENGO的舆论监督功能研究［J］．西南民族大学学报（人文社会科学版），2013（06）：173－178.

［112］王磊．国家策略中的社会资本生长逻辑——基于环境治理的分析［J］．公共管理学报，2017（04）：64－77.

［113］王丽丽，张晓杰．城市居民参与环境治理行为的影响因素分析——基于计划行为和规范激活理论［J］．湖南农业大学学报（社会科学版），2017（06）：92－98.

[114] 王恕立，王许亮．服务业FDI提高了绿色全要素生产率吗——基于中国省际面板数据的实证研究 [J]．国际贸易问题，2017 (12)：83－93.

[115] 王伟，孙芳城．金融发展、环境规制与长江经济带绿色全要素生产率增长 [J]．西南民族大学学报（人文社科版），2018 (01)：129－137.

[116] 王小腾，徐璋勇，刘潭．金融发展是否促进了“一带一路”国家绿色全要素生产率增长？[J]．经济经纬，2018 (05)：17－22.

[117] 王彦彭．中部六省环境污染与经济增长关系实证分析 [J]．企业经济，2008 (08)：84－88.

[118] 王彦志．非政府组织参与全球环境治理——一个国际法学与国际关系理论的跨学科视角 [J]．当代法学，2012 (01)：47－53.

[119] 王艳丽，钟奥．地方政府竞争、环境规制与高耗能产业转移——基于“逐底竞争”和“污染避难所”假说的联合检验 [J]．山西财经大学学报，2016 (08)：46－54.

[120] 王裕瑾，于伟．我国省际绿色全要素生产率收敛的空间计量研究 [J]．南京社会科学，2016 (11)：31－38.

[121] 魏玮，毕超．环境规制、区际产业转移与污染避难所效应——基于省级面板Poisson模型的实证分析 [J]．山西财经大学学报，2011 (08)：69－75.

[122] 吴培材，王忠．官员更替对城市环境污染的影响——基于地级市面板数据的分析 [J]．城市问题，2016 (05)：74－81.

[123] 吴畏，石敬琳．德国可持续发展模式 [J]．德国研究，2017 (02)：5－25.

[124] 伍骏骞，何伟，储德平，严予若．产业集聚与多维城镇化异质性 [J]．中国人口·资源与环境，2018 (05)：105－114.

[125] 肖加元，刘潘．财政支出对环境治理的门槛效应及检验——基于2003—2013年省际水环境治理面板数据 [J]．财贸研究，2018 (04)：68－79.

[126] 谢波，项成．财政分权、环境污染与地区经济增长——基于112

个地级市面板数据的实证计量［J］. 软科学，2016（11）：40－43.

［127］辛方坤，孙荣. 环境治理中的公众参与——授权合作的“嘉兴模式”研究［J］. 上海行政学院学报，2016，17（04）：72－80.

［128］徐敏燕，左和平. 集聚效应下环境规制与产业竞争力关系研究——基于“波特假说”的再检验［J］. 中国工业经济，2013（03）：72－84.

［129］徐鹏杰. 环境规制、绿色技术效率与污染密集型行业转移［J］. 财经论丛，2018（02）：11－18.

［130］徐文成，薛建宏. 经济增长、环境治理与环境质量改善——基于动态面板数据模型的实证分析［J］. 华东经济管理，2015（02）：35－40.

［131］许和连，邓玉萍. 外商直接投资导致了中国的环境污染吗?［J］. 管理世界，2012（02）：30－43.

［132］薛福根. 产业结构调整的污染溢出效应研究——基于空间动态面板数据的实证分析［J］. 湖北社会科学，2016（05）：92－97.

［133］郇庆治. 环境非政府组织与政府的关系：以自然之友为例［J］. 江海学刊，2008（02）：130－136.

［134］郇庆治. “共同但有区别的责任”原则的再阐释与落实困境——一种基于对中国环境非政府组织作用的考察［J］. 国际社会科学杂志：中文版，2013（02）：76－85.

［135］闫文娟. 财政分权、政府竞争与环境治理投资［J］. 财贸研究，2012，23（05）：91－97.

［136］颜廷武，张俊飚. 可持续发展战略的国际比较与借鉴［J］. 世界经济研究，2003（01）：8－13.

［137］杨桂元，吴青青. 我国省际绿色全要素生产率的空间计量分析［J］. 统计与决策，2016（16）：113－117.

［138］杨来科，张云. 基于环境要素的“污染天堂假说”理论和实证研究——中国行业 CO_2 排放测算和比较分析［J］. 商业经济与管理，2012（04）：90－97.

［139］杨世迪，韩先锋，宋文飞. 对外直接投资影响了中国绿色全要素生产率吗?［J］. 山西财经大学学报，2017（04）：14－26.

[140] 杨喆，石磊，马中．污染者付费原则的再审视及对我国环境税费政策的启示 [J]．中央财经大学学报，2015 (11)：14 - 20.

[141] 杨仁发．产业集聚能否改善中国环境污染 [J]．中国人口·资源与环境，2015 (02)：23 - 29.

[142] 叶林，宋星洲，魏君言．环境治理中的国有企业与政府互动模式研究——基于 S 市的调查 [J]．上海行政学院学报，2018 (02)：100 - 111.

[143] 尹翔硕．比较优势、技术进步与收入分配——基于两个经典定理的分析 [J]．复旦学报（社会科学版），2002 (06)：50 - 55.

[144] 于文超，高楠，龚强．公众诉求、官员激励与地区环境治理 [J]．浙江社会科学，2014 (05)：23 - 35.

[145] 原毅军，郭丽丽，孙佳．结构、技术、管理与能源利用效率——基于 2000—2010 年中国省际面板数据的分析 [J]．中国工业经济，2012 (07)：18 - 30.

[146] 臧传琴，初帅．地方官员特征、官员交流与环境治理——基于 2003—2013 年中国 25 个省级单位的经验证据 [J]．财经论丛，2016 (11)：105 - 112.

[147] 张彩云，郭艳青．污染产业转移能够实现经济和环境双赢吗？——基于环境规制视角的研究 [J]．财经研究，2015 (10)：96 - 108.

[148] 张彩云，苏丹妮，卢玲，王勇．政绩考核与环境治理——基于地方政府间策略互动的视角 [J]．财经研究，2018 (05)：4 - 22.

[149] 张成，周波，吕慕彦，刘小峰．西部大开发是否导致了“污染避难所”？——基于直接诱发和间接传导的角度 [J]．中国人口·资源与环境，2017 (04)：95 - 101.

[150] 张帆．金融发展影响绿色全要素生产率的理论和实证研究 [J]．中国软科学，2017 (09)：154 - 167.

[151] 张红凤，路军．市场的决定性作用与公共政策创新 [J]．经济理论与经济管理，2014 (12)：107 - 109.

[152] 张虹萍．二战后美国非政府组织开展城市环境运动及启示 [J].

学术交流，2014（09）：202－206.

［153］张建华，李先枝．政府干预、环境规制与绿色全要素生产率——来自中国30个省、市、自治区的经验证据［J］．商业研究，2017（10）：162－170.

［154］张军，吴桂英，张吉鹏．中国省际物质资本存量估算：1952—2000［J］．经济研究，2004（10）：35－44.

［155］张军，章元．对中国资本存量K的再估计［J］．经济研究，2003（07）：35－43.

［156］张可，豆建民．集聚与环境污染——基于中国287个地级市的经验分析［J］．金融研究，2015（12）：32－45.

［157］张可云，傅帅雄．环境规制对产业布局的影响——“污染天堂”的研究现状及前景［J］．现代经济探讨，2011（02）：65－68.

［158］张璐璐．德国环境法法典化失败原因探究［J］．学术交流，2016（06）：102－108.

［159］张楠，卢洪友．官员垂直交流与环境治理——来自中国109个城市市委书记市长的经验证据［J］．公共管理学报，2016（01）：31－43.

［160］张平，张鹏鹏．环境规制对产业区际转移的影响——基于污染密集型产业的研究［J］．财经论丛，2016（05）：96－104.

［161］张先锋，王瑞，张庆彩．环境规制、产业变动的双重效应与就业［J］．经济经纬，2015（04）：67－72.

［162］张艳纯，陈安琪．公众参与和环境规制对环境治理的影响——基于省级面板数据的分析［J］．城市问题，2018（01）：74－80.

［163］赵细康，王彦斐．环境规制影响污染密集型产业的空间转移吗？——基于广东的阶段性观察［J］．广东社会科学，2016（05）：17－32.

［164］赵霄伟．地方政府间环境规制竞争策略及其地区增长效应——来自地级市以上城市面板的经验数据［J］．财贸经济，2014（10）：105－113.

［165］郑石明．数据开放、公众参与和环境治理创新［J］．行政论坛，2017（04）：76－81.

[166] 郑思齐，万广华，孙伟增，罗党论．公众诉求与城市环境治理[J]．管理世界，2013（06）：72－84.

[167] 钟茂初，李梦洁，杜威剑．环境规制能否倒逼产业结构调整——基于中国省际面板数据的实证检验[J]．中国人口·资源与环境，2015（08）：107－115.

[168] 周浩，郑越．环境规制对产业转移的影响——来自新建制造业企业选址的证据[J]．南方经济，2015（04）：12－26.

[169] 周全，汤书昆．媒介使用与政府环境治理绩效的公众满意度——基于全国代表性数据的实证研究[J]．北京理工大学学报（社会科学版），2017（01）：162－168.

[170] 周沂，贺灿飞，刘颖．中国污染密集型产业地理分布研究[J]．自然资源学报，2015（07）：1183－1196.

[171] 周长富，杜宇玮，彭安平．环境规制是否影响了我国FDI的区位选择？——基于成本视角的实证研究[J]．世界经济研究，2016（01）：110－120.

[172] 竺效．环境行政许可听证书面证言规则的构建——由圆明园湖底防渗工程环境影响评价公众听证会引发的思考[J]．中州学刊，2005（04）：75－78.

[173] 邹非，朱庆华，王菁．绩效驱动与环境污染：中国省域面板数据的经验研究[J]．生态经济，2016（11）：14－19.

[174] 朱松丽，蔡博峰，朱建华等．IPCC国家温室气体清单指南精细化的主要内容和启示[J]．气候变化研究进展，2018（01）：86－94.

[175] Acemoglu D., Aghion P., Bursztyn L. et al., The environment and directed technical change [J]. *American Economic Review*, 2012, 102 (01): 131－66.

[176] Aden J., Kyu-Hong A., Rock M., What is driving the pollution abatement expenditure behavior of manufacturing plants in Korea? [J]. *World Development*, 1999, 27 (07): 1203－1213.

[177] Bernauer T., Böhmelt T., Koubi V., Is there a democracy-civil society paradox in global environmental governance? [J]. *Global Environmental*

Politics, 2013, 13 (01): 88 - 107.

[178] Berrone P., Cruz C., Gomez-Mejia L. R. et al., Socioemotional wealth and corporate responses to institutional pressures: Do family-controlled firms pollute less? [J]. *Administrative Science Quarterly*, 2010, 55 (01): 82 - 113.

[179] Borensztein E., Ostry J. D., Accounting for China's Growth Performance [J]. *American Economic Review*, 1996, 86 (02): 224 - 228.

[180] Boström M., Rabe L., Rodela R., Environmental nongovernmental organizations and transnational collaboration: The Baltic Sea and Adriatic Ionian Sea regions [J]. *Environmental Politics*, 2015, 24 (05): 762 - 787.

[181] Boys B., Martin R., VanDonkelaar A. et al., Fifteen-year global time series of satellite derived fine particulate matter [J]. *Environmental science & technology*, 2014, 48 (19): 11109 - 11118.

[182] Brennan M. A., Environmental Protest in Western Europe [J]. *International Sociology*, 2006, 21 (03): 422 - 423.

[183] Card D., Krueger A., Minimum Wages and Employment: A Case Study of the Fast-Food Industry in New Jersey and Pennsylvania [J]. *Social Science Electronic Publishing*, 2000, 90 (05): 1362 - 1396.

[184] Chen J., Contributions of environmental NGO to environmental education in China [J]. *IERI Procedia*, 2012, 44 (02): 901 - 906.

[185] Cheung D., Business NGO relationships for environmental conservation in Hong Kong: Capacity building for NGOs and the roles of government and business-related organizations [J]. *Asia Pacific Journal of Public Administration*, 2007, 29 (02): 207 - 222.

[186] Chow G., Capital Formation and Economic Growth in China [J]. *The Quarterly Journal of Economics*, 1993, 108 (03): 809 - 842.

[187] Chung Y.., Färe R., Grosskopf S., Productivity and undesirable outputs: a directional distance function approach [J]. *Journal of Environmental Management*, 1997, 51 (03): 229 - 240.

[188] Cooper W., Seiford L., Tone K., Introduction to data envelopment

analysis and its uses: with DEA solver software and references [M]. Springer Science & Business Media, 2006.

[189] Cribb R., The politics of pollution control in Indonesia [J]. *Asian Survey*, 1990, 30 (12): 1123 - 1135.

[190] Dechezleprêtre A., Sato M., The impacts of environmental regulations on competitiveness [J]. *Review of Environmental Economics and Policy*, 2017, 11 (02): 183 - 206.

[191] Doh J., Guay T., Globalization and corporate social responsibility: How non-governmental organizations influence labor and environmental codes of conduct [M]. Management and international review, Gabler Verlag. 2004, 7 - 29.

[192] Ederington J., Levinson A., Minier J. Trade liberalization and pollution havens [J]. *Advances in Economic Analysis & Policy*, 2004, 3 (02): 221 - 229.

[193] Eesley C., Lenox M., Firm responses to secondary stakeholder action [J]. *Strategic Management Journal*, 2006, 27 (08): 765 - 781.

[194] Epstein M., Schnietz K., Measuring the cost of environmental and labor protests to globalization: An event study of the failed 1999 Seattle WTO talks [J]. *The International Trade Journal*, 2002, 16 (02): 129 - 160.

[195] Fagan A., Sircar I., Environmental politics in the Western Balkans: river basin management and non-governmental organization (NGO) activity in Herzegovina [J]. *Environmental Politics*, 2010, 19 (05): 808 - 830.

[196] Färe R., Grosskopf S., Lindgren B. et al., Productivity changes in Swedish pharmacies 1980 - 1989: A non-parametric Malmquist approach [J]. *Journal of productivity Analysis*, 1992, 3 (01): 85 - 101.

[197] Färe R., Grosskopf S., Pasurka J., Environmental production functions and environmental directional distance functions [J]. *Energy*, 2007, 32 (07): 1055 - 1066.

[198] Fan M., Shao S., Yang L., Combining global Malmquist-Luenberger index and generalized method of moments to investigate industrial total factor

CO_2 emission performance: a case of Shanghai (China) [J]. *Energy Policy*, 2015, (79): 189 - 201.

[199] Fredriksson P., Neumayer E., Damania R. et al., Environmentalism., democracy., and pollution control [J]. *Journal of environmental economics and management*, 2005, 49 (02): 343 - 365.

[200] Frondel M., Horbach J., Rennings K., End of pipe or cleaner production? An empirical comparison of environmental innovation decisions across OECD countries [J]. *Business Strategy and the Environment*, 2007, 16 (08): 571 - 584.

[201] Fukuyama H., Weber W. L., A directional slacks-based measure of technical inefficiency [J]. *Socio-Economic Planning Sciences*, 2009, 43 (04): 274 - 287.

[202] Gómez-Mejía L., Haynes K., Núñez-Nickel M. et al., Socioemotional wealth and business risks in family—controlled firms: Evidence from Spanish olive oil mills [J]. *Administrative science quarterly*, 2007, 52 (01): 106 - 137.

[203] Grimaud A., Rougé L, Non-renewable resources and growth with vertical innovations: optimum, equilibrium and economic policies [J]. *Journal of Environmental Economics and Management*, 2003, 45 (02): 433 - 453.

[204] Grimaud A., Rougé L., Polluting non-renewable resources, innovation and growth: welfare and environmental policy [J]. *Resource & Energy Economics*, 2005, 27 (02): 109 - 129.

[205] Grossman G., Krueger A., Economic environment and the economic growth [J]. *Quarterly Journal of Economics*, 1995, 110 (02): 353 - 377.

[206] Grossman G., Krueger A. B., Environmental Impacts of a North American Free Trade Agreement [J]. *Social Science Electronic Publishing*, 2000, 8 (02): 223 - 250.

[207] Harris M., Konya L., Matyas L., Modelling the impact of environmental regulations on bilateral trade flows OECD, 1990 - 1996 [J]. *World Economy*, 2002, 25 (03): 387 - 405.

[208] Hashemi F., Sadighi H., Chizari M. et al., Influencing Factors on Emerging Capabilities of Environmental Non-Governmental Organizations (ENGOs): Using Grounded Theory [J]. *Journal of Applied Environmental and Biological Sciences*, 2017, 7 (03): 173-841.

[209] Hassan A., Osman K., Pudin S., The adults' non-formal environmental education (EE): A Scenario in Sabah, Malaysia [J]. *Procedia—Social and Behavioral Sciences*, 2009, 1 (01): 2306-2311.

[210] Idemudia U., Environmental business-NGO partnerships in Nigeria: issues and prospects [J]. *Business Strategy and the Environment*, 2017, 26 (02): 265-276.

[211] Jagers S., Stripple J., Climate Governance beyond the State [J]. *Global Governance*, 2003, 9 (03): 385-399.

[212] Johnson T., Environmental information disclosure in China: Policy developments and NGO responses [J]. *Policy & Politics*, 2011, 39 (03): 399-416.

[213] Kuzmiak D., The American environmental movement [J]. *Geographical Journal*, 1991, 157 (03): 265-278.

[214] Komen M., Gerking S., Folmer H., Income and environmental R&D empirical evidence from OECD countries [J]. *Environment and Development Economics*, 1997, 2 (04): 505-515.

[215] Lemos M., Agrawal A., Environmental governance [J]. *Annual Review of Environment and Resources*, 2006, (31): 297-325.

[216] Li D., Xin L., Sun Y. et al., Assessing Environmental Information Disclosures and the Effects of Chinese Nonferrous Metal Companies [J]. *Polish Journal of Environmental Studies*, 2016, 25 (02): 663-671.

[217] Li G., He Q., Shao S., Cao J., Environmental non—governmental organizations and urban environmental governance: Evidence from China [J]. *Journal of Environmental Management*, 2018, 206 (01): 1296-1307.

[218] Li G., Shao S., Zhang L., Green supply chain behavior and business performance: Evidence from China [M]. Technological Forecasting and So-

cial Change, In Press, 2018.

[219] Low P., Yeats A., Do "dirty" industries migrate? [R]. *World Bank Discussion Papers*, 1992.

[220] Lucas J., On the mechanics of economic development [J]. *Journal of Monetary Economics*, 1988, 22 (01): 3-42.

[221] Macho-Stadler I., Perez-Castrillo D., Optimal enforcement policy and firms' emissions and compliance with environmental taxes [J]. *Journal of Environmental Economics and Management*, 2006, 51 (01): 110-131.

[222] Maggioni D., Santangelo G., Local Environmental Non-Profit Organizations and the Green Investment Strategies of Family Firms [J]. *Ecological Economics*, 2017, 138 (08): 126-138.

[223] Mani M., Wheeler D., In search of pollution havens? Dirty industry in the world economy. 1960 to 1995 [J]. *The Journal of Environment & Development*, 1998, 7 (03): 215-247.

[224] Martínez-Zarzoso I., Vidovic M., Voicu A., Are the Central East European Countries Pollution Havens? [J]. *The Journal of Environment & Development*, 2017, 26 (01): 25-50.

[225] McGuire M., Regulation, factor rewards, and international trade [J]. *Journal of Public Economics*, 1982, 17 (03): 335-353.

[226] Millimet D., Roy J., Empirical tests of the pollution haven hypothesis when environmental regulation is endogenous [J]. *Journal of Applied Econometrics*, 2016, 31 (04): 652-677.

[227] Mol A., Urban environmental governance innovations in China [J]. *Current Opinion in Environmental Sustainability*, 2009, 1 (01): 96-100.

[228] National Research Council, Estimating mortality risk reduction and economic benefits from controlling ozone air pollution [M]. National Academies Press, 2008.

[229] Neumayer E., Perkins R., What explains the uneven take—up of ISO 14001 at the global level? A panel—data analysis [J]. *Environment and Planning A*, 2004, 36 (05): 823-839.

[230] Ostrom E. , Environment and Common Property Institutions [J]. *International Encyclopedia of the Social & Behavioral Sciences*, 2001: 4560 -4566.

[231] Otsuki T. , Wilson J. , Sewadeh M. , Saving two in a billion: Quantifying the trade effect of European food safety standards on African exports [J]. *Food Policy*, 2004, 26 (05): 495 -513.

[232] Poelhekke S. , Van der Ploeg F. , Green havens and pollution havens [J]. *The World Economy*, 2015, 38 (07): 1159 -1178.

[233] Ramsey F. , A mathematical theory of saving [J]. *The Economic Journal*, 1928, 38 (152): 543 -559.

[234] Rauschmayer F. , Paavola J. , Wittmer H. , European governance of natural resources and participation in a multi-level context: An editorial [J]. *Environmental Policy & Governance*, 2010, 19 (03): 141 -147.

[235] Riker J. , Linking development from below to the international environmental movement: sustainable development and state-NGO relations in Indonesia [J]. *Journal of Business Administration*, 1994, 22 (01): 157 -166.

[236] Rodela R. , Udovč A. , Boström M. , Developing environmental NGO power for domestic battles in a multilevel context: Lessons from a Slovenian case [J]. *Environmental Policy and Governance*, 2017, 27 (03): 244 -255.

[237] Romer P. , Endogenous technological change [J]. *Journal of Political Economy*, 1990, 98 (05): 71 -102.

[238] Saleh M. , Saifudin M. , Media and Environmental Non-Governmental Organizations (ENGOs) Roles in Environmental Sustainability Communication in Malaysia [J]. *Discourse and Communication for Sustainable Education*, 2017, 8 (01): 90.

[239] Sharma S. , Henriques I. , Stakeholder influences on sustainability practices in the Canadian forest products industry [J]. *Strategic Management Journal*, 2005, 26 (02): 159 -180.

[240] Shwom R. , Bruce A. , US non-governmental organizations' cross-sectoral entrepreneurial strategies in energy efficiency [J]. *Regional Environmental Change*, 2018, 18 (05): 1309 -1321.

[241] SlavíkováL. , Syrbe R. , Slavík J. et al. , Local environmental NGO roles in biodiversity governance: a Czech-German comparison [J]. *GeoScape*, 2017, 11 (01): 1-15.

[242] Suharko S. , The Success of youth oriented environmental NGO: A case study of Koalisi Pemuda Hijau Indonesia [J]. *Asian Social Science*, 2015, 11 (26): 166-177.

[243] Tobey J. , The effects of domestic environmental policies on patterns of world trade: an empirical test [J]. *Kyklos*, 2010, 43 (02): 191-209.

[244] Tone K, A slacks-based measure of super-efficiency in data envelopment analysis [J]. *European Journal of Operational Research*, 2002, 143 (01): 32-41.

[245] Tone K. , Dealing with undesirable outputs in DEA: A slacks-based measure (SBM) approach [J]. *GRIPS Research Report Series*, 2003 (12): 5-12.

[246] Triguero A. , Moreno-Mondéjar L. , Davia M. , Drivers of different types of eco-innovation in European SMEs [J]. *Ecological Economics*, 2013, 92 (02): 25-33.

[247] Uzawa H. , Optimum technical change in an aggregative model of economic growth [J]. *International economic review*, 1965, 6 (01): 18-31.

[248] Van Der Heijden H. , Environmental movements, ecological modernization and political opportunity structures [J]. *Environmental Politics*, 1999, 8 (01): 199-221.

[249] Van Der Heijden H. , Globalization, environmental movements, and international political opportunity structures [J]. *Organization & Environment*, 2006, 19 (01): 28-45.

[250] VanDonkelaar A. , Martin R. , Brauer M. et al. , Global fine particulate matter concentrations from satellite for long-term exposure assessment [J]. *Environmental Health Perspectives*, 2015, (03): 4-6.

[251] VanDonkelaar A. , Martin R. , Brauer M. et al. , Global estimates of fine particulate matter using a combined geophysical-statistical method with infor-

mation from satellites. , models. , and monitors [J]. *Environmental Science & Technology*, 2016, 50 (07): 3762 -3772.

[252] Wang Y. , Yao Y. , Sources of China's economic growth 1952 - 1999: incorporating human capital accumulation [J]. *China Economic Review*, 2003, 14 (01): 0 -52.

[253] Woo C. , Chung Y. , Chu D. et al. , The static and dynamic environmental efficiency of renewable energy A Malmquist index analysis of OECD countries [J]. *Renewable and Sustainable Energy Reviews*, 2015, (47): 367 -376.

[254] Zhang L. , Mol A. , He G. , Transparency and information disclosure in China's environmental governance [J]. *Current Opinion in Environmental Sustainability*, 2016, 18 (01): 17 -23.

[255] Zheng J. , Bigsten A. , Hu A. , Can China's growth be sustained? A productivity perspective [J]. *World Development*, 2009, 37 (04): 874 -888.